交通运输安全管理

白玉凤　著

吉林科学技术出版社

图书在版编目（CIP）数据

交通运输安全管理 / 白玉凤著． -- 长春 ：吉林科学技术出版社，2024.5

ISBN 978-7-5744-1347-4

Ⅰ．①交… Ⅱ．①白… Ⅲ．①交通运输安全—安全管理 Ⅳ．① X951

中国国家版本馆 CIP 数据核字（2024）第 097931 号

JIAOTONG YUNSHU ANQUAN GUANLI

交通运输安全管理

著　　者	白玉凤
出 版 人	宛　霞
责任编辑	鲁　梦
封面设计	树人教育
制　　版	树人教育
幅面尺寸	185mm×260mm
开　　本	16
字　　数	250 千字
印　　张	12.25
印　　数	1~1500 册
版　　次	2024 年 5 月第 1 版
印　　次	2024 年 12 月第 1 次印刷
出　　版	吉林科学技术出版社
发　　行	吉林科学技术出版社
地　　址	长春市南关区福祉大路 5788 号出版大厦 A 座
邮　　编	130118

发行部电话／传真　　0431-81629529　　81629530　　81629531
　　　　　　　　　　　　81629532　　81629533　　81629534

储运部电话　　0431-86059116

编辑部电话　　0431-81629520

印　　刷	三河市嵩川印刷有限公司
书　　号	ISBN 978-7-5744-1347-4
定　　价	66.00 元

前　言

　　交通运输是人类社会进步、社会发展、经济增长、科技繁荣的基础。改革开放以来，我国经济增长加速了交通运输事业的发展，交通运输已成为我国将来近几十年经济建设的战略重点。随着我国各类交通设施的建设和完善，日益繁荣的经济和贸易活动有了可靠的基础支持。尤其在我国加入WTO以来，时间对商务活动者变得十分重要，消费者（旅客和货主）对运输方式的选择更加理性，高效率、快节奏的经济活动对交通运输的要求更高，运输市场的竞争也日趋激烈。因此，要求我们科学地配置运力结构，加强交通运输的安全管理。

　　交通运输是国民经济和社会发展的重要基础。由于交通运输涉及的领域和部门众多，运输方式和生产环节复杂，受自然、人为等因素影响，交通运输领域重特大交通事故时有发生，事故死亡人数总量增大。近年来，国务院各有关部门、地方各级人民政府加大交通运输安全投入，开展交通运输领域专项治理，全国交通运输安全生产应急管理工作取得较大进展，部分领域交通事故明显下降。加强交通运输安全生产应急管理培训，增强交通运输管理人员危机意识，提高事故抢险人员的技术水平，减少事故造成的人员伤亡和财产损失，成为交通事故应急管理的首要任务。

　　虽然编者做出了极大努力，但限于时间和水平，书中错误和不当之处在所难免，希请读者批评指正。同时，希望本书的出版能为广大交通参与者提供一些切实的眷助。

目 录

第一章　交通运输的产生与发展

第一节　交通运输的性质和特点

人类社会的交通运输活动是和生产活动同时开始的。生产工具、劳动产品以及劳动者本身的空间位置移动，是任何社会生产和再生产必须具备的条件。对于国民经济体系而言，生产、流动、分配、消费诸环节是一个统一的整体。它既表现在各社会经济部门，也表现在各地区和城市之间以及它们的内部。那么如何才能实现这些复杂的联系呢？这就要通过交通运输这个纽带。如果把整体国民经济看作人的躯体，那么交通运输就是它的循环系统。交通运输除物质生产的属性外，还有消费资料的属性，如货运的经济活动是一种物质生产活动，它为社会创造价值，而客运的经济活动，只是一种服务行为，并不直接产生新的社会财富。

一、交通运输的形成及其发展

交通运输是人类社会生产和生活中一个不可缺少的方面，自有文字记载以来，就有人类从事运输活动的记载。原始社会中，人们为了取得赖以生存的生活资料，而从事搬运、狩猎等是不可缺少的劳动。最初是穴居陆上行走，后是架木为巢，并从事畜牧及农业活动，利用自然水道以通舟楫，其后更以牛马驾车从事运输。18 世纪的工业革命，使交通运输业开始作为一个独立的行业参与社会生产，史蒂文森发明的蒸汽机车和富尔顿发明的蒸汽机船使交通运输业提高到一个新的水平。

从世界范围内交通运输业发展的侧重点和起主导作用的角度考虑，可以将整个交通运输业的发展划分为五个阶段，即水运阶段，铁路阶段，公路、航空和管道运输阶段，综合运输阶段以及综合物流阶段。

1. 水运阶段

水上运输既是一种古老的运输方式，又是一种现代化的运输方式。在出现铁路以前，水上运输同以人力、畜力为动力的陆上运输工具相比，无论运输能力、运输成本和方便程度等各方面，都处于优越地位，因此人类早期的工业大多沿通航水道设厂。在历史上，水运的发展对工业布局的影响很大。在水上运输中，海上运输还具有其独特的地位。由于地理上远隔重洋的因素，海上运输几乎是不能被其他运输方式所替代。所有这些都使水上运输在运输业的早期发展阶段起主导作用，水上运输是这个阶段的标志。

2. 铁路阶段

1825 年，英国在斯托克顿至达灵顿之间修建的第一条铁路投入公共客货运输，这标志着铁路时代的开始。由于铁路能够高速、大量地运输旅客和货物，为工农业的发展提供了新的、强有力的交通运输工具，几乎垄断了当时的陆上运输，因而极大改变了陆上运输的面貌。从此，工业生产摆脱了对水上运输的依赖而深入内陆腹地，加速了工农业的发展。由于铁路运输在当时技术经济上处于优越的地位，因此 19 世纪工业发达的欧美各国都相继进入了铁路建设的高潮。自此以后，铁路建设的浪潮又扩展到亚洲、非洲和南美洲，使铁路运输在这个阶段几乎处于交通运输发展的垄断地位。

3. 公路、航空和管道运输阶段

20 世纪 30~50 年代，公路、航空和管道运输相继发展，与铁路运输展开了激烈的竞争。就公路运输（实际是汽车运输）来说，由于汽车工业的发展和公路网的扩大，尤其是发展了大载质量专用货车、集装箱运输、各种设备完善的长途客车以及高速公路等，使公路运输能充分发挥其机动灵活、迅速方便的优势，不仅在短途运输方面，而且在长途运输方面公路运输也占有重要地位。随着工业的发展和科学技术的进步，促使人们对时间的价值观念日益增强，而航空技术的巨大进展正能满足人们在这方面的需求。航空运输在速度上的优势，不仅使其在旅客运输方面，特别是长途旅客运输方面占有重要地位，而且使其在货运方面也得到发展。以连续运输形式出现的管道运输，虽然其运输货物的品种有限，但由于运输成本低、输送方便，因此发展很快，是油、气、液化物质最理想的运输方式。这三种运输方式发挥的作用在那一时期显著上升，从而成为交通运输业发展第三个阶段的特征。

4. 综合运输阶段

到 20 世纪 50 年代，人们开始认识到在交通运输业的发展过程中，铁路、水运、公路、航空和管道五种运输方式之间是相互联系和相互制约的。因此，需要有预见、有计划地进行综合考虑、协调各种运输方式之间的关系，构成一个现代化、高效的综合运输体系。综合运输阶段的重点之一是合理进行铁路、水运、公路、航空和管道运输之间的分工与合作,以此发挥各种运输方式的优势。此外,还必须从人类同环境和能源关系的角度来考虑交通运输业的发展。因此,调整交通运输布局、提高交通运输质量和与环境协调发展是综合运输阶段的主要趋势。

5.综合物流阶段

20世纪80年代,世界经济进入后工业化社会形态,交通运输业也相应地进入了综合物流阶段,这意味着交通运输业与商品的生产和流通领域的各个环节更紧密地结合在一起,最终融为一体。

交通运输业进入综合物流时代是一个质的飞跃,也是交通运输业发展的崭新阶段,具有强烈的时代特征。交通运输业进入综合物流时代,标志着交通运输业摆脱了孤立的从本系统经济利益思考问题和观察问题的传统、陈旧狭隘的观念和实际运作方式,而真正成为以市场为导向,以满足客户要求为宗旨,求取系统总效益最优化的、适应未来社会经济发展需要的新世纪的行业。

交通运输业是为适应社会不同形态对交通运输业的需求而相应发展的,其发展的规律是不断地扩展系统的综合,从单个运输方式内部的系统扩展到多种运输方式的综合运输系统,再进而发展到运输业与商品的生产和流通综合的大系统。

二、交通运输的作用

交通运输是利用各种运载工具及道路,将人或货物从一地移至另一地的行为。这种活动推进不同地区之间的人和物的交流和交换,对国家的强盛、经济的发展、社会的进步、人们生活方式的改变和生活水平的提高都起着重要的作用,从而成为社会赖以生存和发展的基础。

1.交通运输对经济发展的作用

运输是物质生产得以进行的必要条件。物质的生产通常是先通过运输活动,供应生产所必需的原料或半成品和燃料,同时必须通过运输活动,将完成的半成品或成品输送到其他加工部门或者送入流通领域(市场),因而,运输不仅是物质生产过程中的必要组成部分,也是生产过程在流通领域内的继续。社会分工越精细、生产的组合越复杂、商品的流通越发达,这种运输活动也越频繁,从而也越显出其重要性。

生产过程中的运输,其所投入的费用是产品价值的一部分;而在流通领域中的运输,其费用追加到产品的价值上,成为商品价值的一部分。因此,运输的成本将直接影响到商品的价格。

交通运输的发展意味着输送的便利、速度的快捷、效率的提高和运输费用的降低,它对于经济发展的各个方面都会产生积极的影响。

1）促进生产的地区分工

不同地区对于生产某类或某种产品可能具有特殊的有利条件，如自然条件、原材料或能源供应条件或技术条件等，因而生产该种产品的成本便具有较其他地区低廉的优势。如果运输发达、运价低廉，那么这种成本低廉优势的影响范围便会得到扩大，从而促进生产的地区分工，影响生产力的布局。

2）鼓励生产规模的扩大

产品的产量越多，则单位产品的生产成本便越低。大规模生产意味着原料、半成品或成品的供应和散发必须长距离运输。如果运价太高，将使产品价格偏高，在市场上丧失竞争能力。因而，运输效率越高、运费越低，便越有利于发展大规模生产，从而便于充分合理地使用资源，提高社会的生产效率。

3）开发自然资源，发展落后地区经济

只有通过发展交通，才有可能使丰富的自然资源得到有效的利用；而经济落后地区或边远地区，也只有通过发展交通，同发达地区沟通，才能促进交流和发展经济。

4）加速土地开发

交通发达可使运输设施沿线和毗邻地区的土地使用价值得到提高，从而加速土地的经济开发。

5）促进与运输相关工业部门的发展

例如，同运载工具制造有关的机械制造工业和电器仪表工业；同能源供应有关的石油和煤炭工业；同运输设施修建有关的建筑业和材料工业等；同控制和管理有关的电子和计算机工业等，都会适应运输业发展的需要而得到相应的发展。

6）平抑物价

便利的交通可以调节不同地区出现的市场供需不平衡，促使各地的物价差别较快地得到平抑；同时运费的降低，可使商品价格下降，从而平抑物价。

因此，运输的发展可促进国民经济的发展，而国民经济的发展也要求发展运输，以得到支持和保证。交通运输业已成为国民经济的重要组成部分。两者必须协调发展，保持适当的比例关系，才能使国民经济得以持续稳定地发展。根据国外 20 世纪 80 年代的统计资料，工业化国家的运输业产值占国内生产总值的 6%~7%，而我国运输业的同期产值仅占社会总产值的 3% 左右。因而，出现了我国交通运输业发展滞后的局面，从而制约了国民经济的顺利发展。

2. 对社会发展的作用

城市的发展及其形态同运输的发展有密切的关系。早期主要依靠水路运输，城市沿江边或海岸布设和发展；铁路出现后，内陆城市才得以发展；公路的发展，沟通了城市和乡村间的物质、文化联系和交流，使城乡间在物质和文化上的差别逐步缩小。交通运输业促进了大规模生产和地区专业化分工，导致大城市的出现。而大城市的生存和运转又密切依赖交通运输。高速公路和便捷交通系统的迅速发展，使许多人有可能居住在郊区而工作在市区，并仍享有参与教育、文化和社会活动的便利，因而促成了中心城市向郊外扩散和延伸的趋向。

一个社会系统的有效性（机动性和效率），是由其人流、物流、能源流、信息流和资金流等的速度和质量决定的。而运输业是载运人流、物流、能源流和信息流最重要的社会基础结构之一。交通运输的发展增加了社会的机动性，促进不同国家、不同地区、不同民族和不同阶层的人民之间的广泛交往和文化渗透，增进了相互的了解和理解。交通运输的迅速发展也改变了人们的时间和空间观念，同时影响着人们生活方式的变化。

3. 对政治的作用

交通运输将各个边远地区同其他地区，特别是中央地区沟通在一起，从而形成并提高了国家的统一性。快速的运输系统可提高兵员、装备和后勤供应的机动能力，是国防力国的重要组成部分。

由于交通运输影响人们工作和生活的便利，也影响经济发展的速度以及人民的收入生活水平，因而发展交通运输在实现政府工作目标中占有重要地位，受到公众的广泛关注。

4. 对环境的作用

交通运输的发展会对环境产生许多不利影响。大规模修建运输工程设施，有可能破坏植被，造成水土流失，并改变生态环境；而维持运输系统的运转，需消耗大量的能源（主要是石油）；运载工具的运行，会排放大量污染物质，使空气和水质遭到污染，同时带来严重的噪声，影响临近地带居民的工作和生活。

三、交通运输的性质和特点

我们把为社会提供初级产品、满足人类最基本需要的农业划分为第一产业；为社会提供加工产品和建筑物、满足人类更进一步生活需要的工业、采掘业、水电业、建筑业等划分为第二产业；为人们提供满足物质需要以外而更高级需要的其他行业和部门划分为第三产业。由于第三产业包括的行业多、范围广，在我国，又将第三产业划分为流通部门和服务部门两大部分，并将运输业列入第三产业的流通部门。

运输业的生产过程，是以一定的生产关系联系起来的，具有劳动技能的人们使用劳动工具（如交通线路，车、船和飞机等运载工具及其他主要技术装备）和劳动对象（货物和旅客）进行生产，并创造产品（客、货位移）的生产过程。运输业的产品，对旅客运输来说，是人的位移，并以运输的旅客人数（客运量）和人公里数（旅客周转盘）为计算单位；对货物来说，是货物的位移，并以运输货物的吨位（货运量）和吨公里（货物周转量）为计算单位。

运输业又是一个特殊的产业部门。作为生产单检外部的运输，按其在社会再生产中的地位、运输生产过程和产品的属性，它和其他产业部门有很大区别。其主要特点为：

（1）运输生产是在流通过程中进行的，是为满足把物质产品从生产地运往下一个生产地或消费地的运输需要。因而，就整个社会生产过程来说，运输生产是在流通领域内继续进行的生产过程。

（2）运输生产过程不像工农业生产那样改变劳动对象的物理、化学性质和形态，而只改变运输对象（客、货）的空间位置，但并不创造新的产品。对旅客来说，其产品直接被人们所消费；对货物运输来说，它把价值追加到被运输的货物身上。所以，在满足社会运输需要的条件下，多余的运输产品和运输支出，对社会是一种浪费。

（3）在运输生产过程中，劳动工具（运输工具）和劳动对象（客、货）是同时运动的，它创造的产品（客、货在空间上的位移）不具有物质实体，并在运输生产过程中同时被消费掉。因此，运输产品既不能储备，也不能调拨，只有在运输能力上保有后备，才能满足运输量的波动和特殊的运输需要。

（4）人和物的运输过程往往要由几种运输方式共同完成。旅客旅行的起讫点、货物的始发地和终到地遍及全国，因此，必须有一个干支相连、互相衔接的交通运输网与之相适应。同时，运输业的生产场所分布在有运输联系的广阔的空间里，而不像工农业生产那样可以在比较有限的地区范围内完成它们的生产过程。由此可见，如何保证运输生产的连续性，以及根据运输需要，按方向、按分工形成综合运输服务，具有重要意义。

（5）各种运输方式虽然使用不同的技术装备，具有不同的技术经济性能，但生产的是同一种产品，它对社会具有同样的效用。这是运输生产的又一特征。

运输的目的是实现旅客和货物空间的位移，运输生产是社会再生产过程中的重要环节。运输业是社会生产的必要条件，而且它不是消极、静止地为社会生产服务的。运输网的展开，方便的运输条件，将有助于开发新的资源，发展落后地区的经济，扩大原料供应范围和产品销售市场，从而促进社会生产的发展。

第二节 各种运输方式的特点与合理配置原则

一、各种运输方式的特点

运输方式是指以运输工具和运输线路为标志的各种交通运输类型的统称。目前我国现代化的运输业主要由铁路、水运、公路、航空和管道五种运输方式组成。虽然它们的产品（客、货在空间的位移）是相同的，但它们的送达速度、输送重量、运输的连续性、保证货物的完整性和旅客的安全性以及舒适程度等各项技术性能是不同的，同时对地理环境的适应程度和经济指标（如运费等）也是不同的。因此，不同的要求对运输方式选择也应有所不同。

1. 铁路运输

铁路运输是使用铁路列车运送货物或旅客的一种运输方式。铁路运输的短途运输成本高，列车运行受到轨道的限制，机动性差。但是和公路与航空运输相比，铁路运输具有运拉大、运输成本低等优点；此外，铁路运输还有受自然条件、季节和昼夜的影响小，运输作业连续性强，客、货到发时间准确，便于统一指挥调度等优点。这种运输方式最适于长距离大宗货物的运输，也适宜承担中长途的旅客运输，目前在我国客、货运体系中占有相当大比重。

2. 公路运输

公路运输主要是使用汽车在公路上运送旅客和货物的一种运输方式。这种运输方式的优点有：货物的送达速度快，仅次航空运输；有较强的灵活性和机动性；运输的连续性较强，仅次于铁路运输；中转环节少，可实现"门—门"的运输。缺点有：每次运量小；运输成本高，能耗大，劳动生产率低。这种运输方式宜承担客、货的中、短途运输，可为铁运、水运和空运集散客、货。近年来，随着我国建设高等级公路和改造已有公路步伐的加快，公路运输的竞争力也越来越强。

3. 水路运输

水路运输是一种使用船舶或其他水运工具通过各种水道运送客、货的运输方式。这种运输方式的运输通道主要是天然形成的，只需人工稍加改造和整理（如建立一些码头和装卸设备等）即可通航。因此，具有以下优点：运费低、运输量大、劳动生产率高、能耗低。但是由于其自身的特点决定了它的缺点：受自然条件限制较大、运行速度低、连续性差。对货运来说，在条件许可的情况下，由于水运的成本在各种运输方式中最低，可优先考虑，其适用于对时间要求不太强的大宗、廉价货物的中长距离运输。对客运来讲，若对时间要求不太严格，这种运输方式也不失为一种经济型选择。总的看来，水路运输仍然是我国主要的运输方式之一。

4. 航空运输

航空运输又称"空运"，是一种使用飞机运送人员和物资的运输方式，也是目前最快的一种运输方式。其最明显的优点就是送达速度高、机动性好，但是它的空间高速性使空运具有运输费用高，运量小，受天气条件限制大等缺点，这种运输方式适用于长途快速客运和贵重及紧急物资的快速调运。

5. 管道运输

管道运输是一种由大型钢管、泵站和加压设备组成的运输系统来完成运输工作的运输方式。其具有运量大、运费低、效率高、安全可靠、管理方便、受自然条件影响小等优点。目前这种运输方式仅限于运送单一货物，是输送液体或气体货物的最佳方式。这种运输方式灵活性差、局限性大，适用范围较小。

二、不合理运输

不合理运输是在现有条件下可以达到的运输水平而未达到，从而造成了运力浪费、运输时间增加、运费超支等问题的运输形式。目前我国存在主要不合理运输形式有以下几种：

（1）返程或起程空驶。空车无货载行驶，可以说是不合理运输的最严重形式。在实际运输组织中，有时候必须调运空车，从管理上不能将其看成不合理运输。但是，因调运不当，货源计划不周，不采用运输社会化而形成的空驶，是不合理运输的表现。由于车辆过分专用，无法搭运回程货，只能单程实车、单程回空周转，这种情况不能认为是不合理运输。造成空驶的不合理运输主要有以下几点原因。

①能利用社会化的运输体系而不利用，却依靠自备车送货、提货，这往往出现单程重车、单程空驶的不合理运输。

②由于工作失误或计划不周，造成货源不实，车辆空去空回，形成双程空驶。

（2）对流运输。亦称"相向运输""交错运输"，指同一种货物或彼此间可以互相代用而又不影响管理、技术及效益的货物，在同一线路上或平行线路上作相对方向的运送，而与对方运程的全部或一部分发生重叠交错的运输称对流运输。已经制定了合理流向图的产品，一般必须按合理流向的方向运输。如果与合理流向图指定的方向相反，也属于对流运输。

在判断对流运输时需注意的是，有的对流运输是不很明显的隐蔽对流，例如不同时间的相向运输，从发生运输的那个时间看，并无出现对流，可能做出错误的判断，所以要注意隐蔽的对流运输。

（3）迂回运输。是舍近取远的一种运输，本可以选取短距离进行运输而不办理，却选择路程较长路线进行运输的一种不合理形式。迂回运输有一定复杂性，不能简单处之，只有当计划不周、地理不熟、组织不当而发生的迂回，才属于不合理运输。如果最短距离有交通阻塞、道路情况不好或有对噪声、排气等特殊限制而不能使用时发生的迂回，也不能称之为不合理运输。

（4）重复运输。本来可以直接将货物运到目的地，但是在未达目的地之处，或目的地之外的其他场所将货卸下，再重复装运送达目的地，这是重复运输的一种形式。另一种形式是，同品种货物在同一地点一面运进，同时又向外运出。重复运输的最大缺点是增加了非必要的中间环节，而这就延缓了流通速度，增加了费用，也增加了货损。

（5）倒流运输。是指货物从销地或中转地向产地或起运地回流的一种运输现象，其不合理程度要甚于对流运输，其原因在于，往返两程的运输都是不必要的，形成了双程的浪费。倒流运输也可以看成是隐蔽对流的一种特殊形式。

（6）过远运输。是指调运物资舍近求远，近处有资源不调而从远处调，这就造成可采取近程运输而未采取，拉长了货物运距的浪费现象，过远运输占用运力时间长、运输工具周转慢、物资占压资金时间长。同时远距离自然条件相差大，又易出现货损，增加费用支出。

（7）运力选择不当。未了解各种运输工具优势而不正确地选择运输工具造成的不合理现象，常见有以下若干形式。

①弃水走陆。在同时可以利用水运及陆运时，不利用成本较低的水运或水陆联运，而选择成本较高的铁路运输或汽车运输，使水运优势不能发挥。

②铁路、大型船舶的过近运输。不是铁路及大型船舶的经济运行里程，却利用这些运力进行运输的不合理做法。主要不合理之处在于火车及大型船舶起运及到达目的地的准备、装卸时间长，且机动灵活性不足，在过近距离中利用，发挥不了优势。相反，由于装卸时间长，反而会延长运输时间。另外，和小型运输设备比较，火车及大型船舶装卸难度大、费用也较高。

③运输工具承载能力选择不当。不根据承运货物数量及重量选择，而盲目决定运输工具，造成过分超载、损坏车辆或货物不满载、浪费运力的现象，尤其是"大马拉小车"现象发生较多。由于装货量小，单位货物运输成本必然增加。

（8）托运方式选择不当。对于货主而言，在可以选择最好托运方式而未选择，造成运力浪费及费用支出加大的一种不合理运输。例如，应选择整车而采取零担托运，应当直达而选择了中转运输，应当中转运输而选择了直达运输等都属于这一类型的不合理运输。

上述各种不合理运输形式都是在特定条件下表现出来的，在进行判断时必须注意其不合理的前提条件，否则就容易出现判断的失误。例如，同一种产品，商标不同，价格不同，所发生的对流，不能绝对看成不合理，因为其中存在着市场机制引导的竞争，优胜劣汰。如果强调因为表面的对流而不允许运输，就会起到保护落后、阻碍竞争甚至助长地区封锁的作用。类似的例子，在各种不合理运输形式中都可以举出一些。

再者，以上对不合理运输的描述，主要就形式本身而言，是从微观观察得出的结论。在实践中，必须将其放在物流系统中作综合判断，在不作系统分析和综合判断时，很可能出现"效益背反"现象。单从一种情况来看，避免了不合理，做到了合理，但它的合理却使其他部分出现不合理。只有从系统角度，综合进行判断才能有效避免"效益背反"现象，从而优化全系统。

三、影响运输合理化的因素

运输合理化和不合理运输主要是指货物运输或物流，因为旅客运输存在办理业务、观光旅游等因素。运输合理化的影响因素很多，但起决定性作用的有五方面的因素，称之为合理运输的"五要素"。

（1）运输距离。在运输时，运输时间、运输货损、运费、车辆或船舶周转等运输的若干个技术经济指标，都与运距有一定比例关系，运距长短是运输是否合理的一个最基本因素。缩短运输距离从宏观、微观看都会带来好处。

（2）运输环节。每增加一次运输，不仅会增加起运的运费和总运费，而且必须要增加运输的附属活动，如装卸、包装等，各项技术经济指标也会因此下降。所以，减少运输环节，尤其是同类运输工具的环节，对合理运输有促进作用。

（3）运输工具。各种运输工具都有其使用的优势领域，对运输工具进行优化选择，按运输工具特点进行装卸运输作业，最大化发挥所用运输工具的作用，是运输合理化的重要一环节。

（4）运输时间。运输是货物位移过程中需要花费较多时间的一个环节，尤其是货物远程运输，在全部物流时间中，运输时间占绝大部分，所以，运输时间的缩短对整个货物流通时间的缩短有决定性的作用。此外，运输时间短，有利于运输工具的加速周转，充分发挥运力的作用；有利于货主资金的周转；有利于运输线路通过能力的提高，对运输合理化有很大贡献。

（5）运输费用。运费在全部流通费中占很大比例，运费高低在很大程度决定整个物流系统的竞争能力。实际上，运输费用的降低，无论对货主企业来讲还是对物流经营企业来讲，都是运输合理化的一个重要目标。运费的判断，也是各种合理化实施是否行之有效的最终判断依据之一。

若从上述五方面考虑运输合理化，就能取得理想的结果。

四、运输合理化的有效措施

总结长期以来运输组织管理工作的成功经验，在运输合理化方面，可采取以下措施。

（1）提高运输工具实载率。实载率有两个含义：一是单车实际载重与运距之乘积和标定载重与行驶里程之乘积的比率，这在安排单车、单船运输时，是作为判断装载合理与否的重要指标；二是车船的统计指标，即一定时期内车船实际完成的货物周转量（以吨公里计）占车船载重吨位与行驶公里之乘积的百分比。在计算时车船行驶的公里数，不仅包括载货行驶，也包括空驶。

提高实载率的意义在于：充分利用运输工具的额定能力，减少车船空驶和不满载行驶的时间，减少浪费，从而求得运输的合理化。

满载的含义就是充分利用货车的容积和载重量，做到多载货（但不能超载），不空驶，从而达到合理化之目的。这个做法对推动当时交通运输事业发展起到了积极作用。当前，国内外开展的配送形式，优势之一就是将多家需要的货和一家需要的多种货实行配装，以达到容积和载重量的充分合理运用，比起以往自家提货或一家送货车辆大部空驶的状况，这是运输合理化的一个进展。在铁路运输中，采用整车运输、合装整车、整车分卸及整车零卸等具体措施，都是提高实载率的有效措施。

（2）采取减少动力投入、增加运输能力的有效措施以求得运输合理化。这种合理化的要点是少投入、多产出，走高效益之路。运输的投入主要是能耗和基础设施的建设，在基础设施建设已定型和完成的情况下，尽量减少能源投入，也是少投入的核心。做到了这一点就能大大节约运费，降低单位货物的运输成本，达到合理化的目的。国内外在这方面的有效措施有以下几点：

①满载超轴。其中超轴的含义就是在铁路机车能力允许情况下，多加挂车皮。我国在客运紧张时，也采取加长列车、多挂车皮办法，在不增加机车情况下增加运输量。

②水运拖带法。竹、木等物资的运输，利用竹、木本身浮力，不用运输工具载运，采取拖带法运输，可省去运输工具本身的动力消耗从而求得合理；将无动力驳船编成一定队形，一般是纵列，用拖轮拖带行驶，可以有比船舶载乘运输量大的优点，以此求得合理化。

③顶推法。是我国内河货运采取的一种有效方法，将内河驳船编成一定队形，由机动船顶推前进的航行方法。其优点是航行阻力小、顶推量大、速度较快、运输成本很低。

④汽车挂车。汽车挂车的原理和船舶拖带、火车加挂车皮基本相同，都是在充分利用动力能力的基础上，增加运输能力。

（3）发展社会化的运输体系。运输社会化的含义是发展运输的大生产优势，实行专业分工，打破一家一户自成运输体系的状况。

一家一户的运输小生产，车辆自有，自我服务，不能形成规模，且一家一户运量需求有限，难以自我调剂，因而经常容易出现空驶、运力选择不当（因为运输工具有限，选择范围太窄）、不能满载等浪费现象，且配套的接货、发货设施，装卸搬运设施也很难有效地利用，所以浪费颇大。实行运输社会化，可以统一安排运输工具，避免对流、倒流、空驶、运力不当等多种不合理形式，这样不但可以追求组织效益，而且可以追求规模效益，所以发展社会化的运输体系是运输合理化的重要措施。

当前火车运输的社会化运输体系已经较完善，而在公路运输中，小生产方式非常普遍，是建立社会化运输体系的重点。

社会化运输体系中，各种联运体系是其中水平较高的方式。联运方式充分利用面向社会的各种运输系统，通过协议进行一票到底的运输，有效打破了一家一户小生产的方式，受到了公众的欢迎。我国在利用联运这种社会化运输体系时，创造了"一条龙"货运方式。对产地、销地及产量、销量都较稳定的产品，事先通过与社会运输部门签订协议，规定专门收站、到站、专门航线及运输路线、专门船舶和泊位等，有效保证了许多工业产品的稳定运输，取得了很大成绩。

（4）开展中短距离铁路、公路分流，以公代铁的运输。这一措施的要点，是在公路运输经济里程范围内，或者经过论证，超出通常平均经济里程范围，也尽量利用公路。这种运输合理化的表现主要有两点：一是对于比较紧张的铁路运输，用公路分流后，可以得到一定程度的缓解，从而加大这一区段的运输通过能力；二是充分利用公路从门——门和在中途运输中速度快且灵活机动的优势，实现铁路运输服务难以达到的水平。

我国以公代铁运输目前在杂货、日用百货运输及煤炭运输中较为普遍，一般在

200km 以内，有时可达 700~1000km。

（5）尽量发展直达运输。直达运输是追求运输合理化的重要形式，其对合理化的追求要点是通过减少中转过载换载，从而提高运输速度，节省装卸费用，降低中转货损。直达运输的优势，尤其是在一次运输批量和用户一次需求量达到了一整车时表现最为突出。此外，在生产资料、生活资料运输中，通过直达运输建立稳定的产销关系和运输系统，也有利于提高运输的计划水平，考虑用最有效的方式来实现这种稳定运输，从而大大提高运输效率。

特别需要一提的是，如同其他合理化措施一样，直达运输的合理性也是在一定条件下才会有所表现，而不能绝对认为直达一定优于中转，这要根据用户的要求，从总体出发作综合判断。如果从用户需要量看，批量大到一定程度，直达是合理的，而批量较小时中转是合理的。

（6）配载运输。是充分利用运输工具载重量和容积，合理安排装载的货物及载运方法以求得合理化的一种运输方式。配载运输也是提高运输工具实载率的一种有效形式。

配载运输往往是轻重商品的混合配载，在以重质货物运输为主的情况下，同时搭载一些轻泡货物，如海运矿石、黄沙等重质货物，在仓面捎运木材、毛竹等，铁路运矿石、钢材等重物上面搭运轻泡农、副产品等，在基本不增加运力投入和不减少重质货物运输情况下，解决了轻泡货的搭运，因而效果显著。

（7）"四就"直拨运输。"四就"直拨是减少中转运输环节，力求以最少的中转次数来完成运输任务的一种形式。一般批量到站或到港的货物，首先要进分配部门或批发部门的仓库，其次再按程序分拨或销售给用户，这样一来，往往出现不合理运输。"四就"直拨，首先是由管理机构预先筹划，其次就厂、就车站（码头）、就库、就车（船）将货物分送给用户，而无须再入库了。

（8）发展特殊运输技术和运输工具。依靠科技进步是运输合理化的重要途径。例如，专用散装及罐车，解决了粉状、液状物运输损耗大、安全性差等问题；袋鼠式车皮，大型半挂车解决了大型设备整体运输问题；滚装船解决了车载货的运输问题，集装箱船比一般船能容纳更多的箱体，集装箱高速直达车船加快了运输速度等，都是通过使用先进的科学技术来实现合理化。

（9）通过流通加工，使运输合理化。有不少产品，由于产品本身形态及特性问题，而很难实现运输的合理化，但如果进行适当加工，就能够有效解决合理运输问题。例如，将造纸材料在产地预先加工成干纸浆，然后压缩体积运输，就能解决造纸材运输不满载的问题。轻泡产品预先捆紧包装成规定尺寸，装车就容易提高装载量；水产品及肉类预先冷冻，就可提高车辆装载率并降低运输损耗。

第三节　交通运输生产组织过程

一、货物流通（运输）过程

货物流通（运输）过程是指国民经济各业务部门作为商品（物资）形式出现的物品（货物）由生产地向消费地流动的全过程。货物只有完成其流通过程，进而才能实现它的使用价值。因此，货物流通过程在很大程度上也可以视为商品（物资）生产过程的继续。就其实质而言，也可以说货物流通过程是货物生产过程的重要组成部分。货物流通过程是借助于交通运输部门（包括从属于物质生产部门的专业交通运输企业）所提供的交通运输工具来实现的。

按所使用交通运输工具之不同，货物流通过程基本上有如下三种模式。

1. 铁路（公路）为主干货物流通模式

铁路（公路）为主干货物流通模式是以铁路运输或公路运输作为货物流通过程干线运输工具的陆上货物流通模式。

2. 航空为主干货物流通模式

航空为主干货物流通模式是以航空运输作为货物流通过程干线运输工具的空中货物流通模式。

3. 水运为主干货物流通模式

水运为主干货物流通模式是以水上运输作为货物流通过程主要干线运输工具的水上货物流通模式。货物由发货地向收货地输送的全过程为货物运输过程。这一过程中的始点（发货地）可以是发送的生产工厂，也可以是某一发货仓库，终点（收货地）可以是货物的消费地，也可以是某一物资仓库。因此，货物流通过程可以由一个或一个以上货物运输过程组成。货物流通过程的这一特性是由商品交换或物资供应的需要所决定的。

二、交通运输生产过程

交通运输生产过程是指利用交通运输工具，将旅客和货物由始发地运达终点地的全过程。各种运输方式，由于所采用的运输工具及运输过程的组织方法不同，所以运输生产过程也各有特色。

以铁路运输为例，铁路运输生产过程的内容，就货物运输而论，包括货物由承运到交付的全部作业过程；就旅客运输而言，为组织旅客购票乘车起至将旅客送到目的地的全部作业过程。

第四节　现代交通运输方式

一、概述

交通运输，是人们利用各种交通工具和运输路线把运输对象从一个地方运送到另一个地方。在当今社会，它与人类生产和生活密不可分，对整个社会的各个方面起着十分重要的作用。它是联系生产与消费、城市与乡村、各行业之间的桥梁，是地区与地区之间联系的纽带。

交通运输的诞生和发展，经历了极其漫长的历史过程。它随着社会生产力的发展和科学技术的进步而产生、发展，促进了社会、经济、政治和文化的发展与进步，是人类社会进步的动力，也是人类文明的车轮。

现代化的交通运输系统由铁路、水路、公路、航空、管道五部分组成。

二、世界交通运输的发展阶段

纵观交通运输业的发展史，从世界范围内交通运输业的发展侧重点和起主导作用方面考察，整个交通运输业的发展可划分为四个阶段和三次革命。每个阶段以一种或几种运输工具为标志，每次革命都给人类社会带来了深刻影响，使社会文明进程加快。

1. 水上运输阶段（从原始社会到 19 世纪 20 年代）

在原始社会，早期的运输方式是手提手搬、背扛肩挑和头顶，后来发展到绳拖棍撬。随着人类活动范围的扩大，为了求得生存和发展，出现了最早的交通工具——筏和独木舟，以后逐渐出现了车，进而出现了最原始的航线和道路。船和车的发明与使用，使运输进入了新的发展阶段，这就是运输史上的第一次革命。船和车的使用，使邮递业、客运业、货运业发展起来，逐渐出现了专门从事运输的商人，运输业开始萌芽。车的出现，促进了道路的发展。如我国秦朝时，就修筑了全国统一的道路，形成了以咸阳为中心的向外辐射的"驰道"。陆上交通发展的同时，水上运输发展尤为迅速，随着人类对河流和海洋认识的深化、造船技术的进步、新航路的开辟、指南针的使用、人工运河的开凿，使内河运输和沿海海洋运输迅速发展，我国商代就掌握了木板造船技术，隋代就开凿了世界上最早、规模最大的大运河，盛唐时就开辟了"海上丝绸之路"。在地中海地区，古代腓尼基人曾以造船和航海而著称于世。这个时期船舶主要靠人力拉纤、划撑，以小帆船为主。

14 世纪以后，出现了以风力为动力的远程三桅帆船。凭借这些大帆船以及改进了的航海设备和航海技术，欧洲人离开了自己的海岸，开辟了新航路，进行了环球航行，发现了新大陆，进入了"地理大发现"时代，揭开了世界历史的新篇章。对世界政治、经济、文化产生巨大而深刻的影响。三桅帆船也就成为运输业第二次革命的标志。这一时期，水上运输同以人力、畜力为动力的陆上运输工具相比，无论从运输能力和运输成本，还是从方便程度上，都处于优势地位。因而称为"水运阶段工"。

2. 铁路运输阶段（从 19 世纪 30 年代到 20 世纪 30 年代）

两次交通运输的革命，使交通运输有了巨大的发展，但运输工具的动力还仅靠畜力、人力和风力。18 世纪 80 年代到 19 世纪初，蒸汽机相继用于船舶和火车上。蒸汽机的发明是人类历史上一个重要里程碑。由于动力的改变，交通运输有了突飞猛进的发展。1807 年世界上第一艘蒸汽机船"克莱蒙特"号在纽约哈德逊河下水。1825 年，从英国斯托克顿到达灵顿的第一条铁路正式通车，标志着运输业史上第三次革命的到来，也宣告了铁路运输时代的开始。

由于铁路能够高速地、大量地运输旅客和物资，几乎垄断了当时的运输，成了当时最新的、最好的交通运输工具。欧美各国掀起了铁路建设的高潮，并扩展到亚非拉地区。这一时期，水上运输也发展较快，由于改变了动力，消除了以前航海依赖信风的现象，使轮船在任何季节都能航行。

3. 公路、航空和管道运输阶段（从 20 世纪 30 年代到 50 年代）

19 世纪末，在铁路运输发展的同时，随着汽车工业的发展（1886 年德国人本茨发明了真正的汽车），公路运输悄然兴起。由于公路运输机动灵活、迅速方便，不仅在短途运输方面显示出优越性，而且随着大载重专用货车、各种完善的长途客车和高速公路的出现，在长途运输方面也显示其出优越性。

世界航空业产生于 19 世纪末 20 世纪初（1905 年美国人莱特兄弟制造了真正的飞机）。由于航空运输在速度上的优势，不仅在旅客运输方面占重要地位，而且在货运方面发展也很快。随着石油工业的发展，管道运输开始崭露头角（19 世纪 60 年代，美国出现第一条木制的专供输油的管道）。由于管道运输具有成本低、输送方便、有连续性的特点，目前它主要运输的货物是原油、成品油、天然气、矿砂和煤浆等化工流体。这一阶段，铁路运输、水上运输也有长足的发展，但公路、航空、管道这三种运输发挥的作用显著增强，从而成为交通运输业发展的第三阶段。

4.综合运输阶段（20世纪50年代以后）

20世纪50年代以后，人们开始认识到在交通运输业的发展过程中，水路、铁路、公路、航空和管道五种运输方式是相互制约和相互影响的，许多国家开始有计划地进行综合运输，以协调各种运输方式之间的关系，其重点是进行铁路、公路、航空和管道运输之间的分工，来发挥各种运输方式的优势，各显其能，开展联运，构建海陆空立体交通的综合运输体系。

除了上述五种运输形式，在世界某些地区还存在其他落后或先进的运输方式，但不起主导作用。以上分析，是基于整个世界交通发展总的方面。各个国家、地区由于地理条件、社会环境和运输发展的历史和现状不同，因此不可能有统一的运输模式。在不同时期，不同地区，某种运输形式仍占主导地位，如铁路运输现在仍然是世界上大多数国家最主要的运输方式；海洋运输仍是当今国际贸易最主要的运输方式；内河运输在欧洲、我国的长江流域、美国的密西西比河流域仍占重要地位。

第五节　交通运输的技术经济评价

一个现代化的综合运输体系通常是由五种运输方式组成的。其中管道运输是在20世纪50年代石油大量开发并成为世界主要能源后发展起来的一种运输方式，主要用于运输石油、天然气，在美国等国家也用管道运输经过浆化的煤炭。

在商品生产的市场经济体制中，尽管在运输市场上各种运输方式之间不可避免地进行着激烈的竞争，但是，一方面由于各种运输方式均拥有自己固有的技术经济特征和相应的竞争优势，另一方面由于运输市场上需求本身的多样性，例如表现在运输的数量、距离、空间位置、速度等诸多方面，实际上就为各种运输方式在社会经济发展过程中打造了它们各自的生存和发展空间。因此，在进行交通运输网络规划时，首先必须根据上述两方面的分析来规划各种运输方式的发展和分工，其次进行基础设施的建设，最终形成一个确保各种运输方式之间协调发展的并且合理的综合运输体系。

人们对交通运输的要求是安全、迅速、经济、便利。各种运输方式的技术经济特征可以从上述要求出发，按以下几个方面进行考察。

1.送达速度

技术速度决定运载工具在途运行的时间，而送达速度除在途运行时间外，还包括途中的停留时间和始发、终到两端的作业时间。对旅客和收、发货人而言，送达时间具有实际意义。铁路的送达速度一般高于水上运输和公路运输。但在短途运输方面，其送达速度反而低于公路运输。航空运输在速度上虽然占有极大的优势，但须将旅客前往机场的路程时间考虑在内，方有实际意义的比较。

运输生产的产品是货物或旅客的空间位移，以一个什么样的速度来实现它们的位移当然是运输业的一个重要技术指标。

决定各种运输方式、速度的一个主要因素是各种运输方式载体能达到的最高技术速度。载体的最高技术是对速度的承受能力，以及与环境有关的可操纵性等因素的制约。例如，船舶依靠螺旋桨推进在水中运行，在同样速度下它的阻力要比在空气中运行的飞机大得多。船舶运行的阻力与速度的三次方成正比，因此，运行阻力限制了现代船舶的最高技术速度。汽车是依靠克服地面与轮子的摩擦取得速度，这种推进方式可以使它达到较高的运行速度，但作为运输工具，它的最高技术速度取决于在通常地面道路交通环境下允许的安全操作速度。飞机在广阔的天空飞行，它可以充分利用喷气推进技术带来的高速度的成果。

作为运输工具，各种运输方式由于经济原因而采用的技术速度要低于它的最高技术速度，尤其是其经济性对速度特别敏感的水路运输。

毫无疑问，科学技术的发展一直在不断提高各种运输方式的技术速度，最为明显的是在日本和欧洲发达国家已经投入营运的高速铁路列车。铁路行车速度的提高，大大增强了它与高速公路及航空运输在短程和中长距离的旅客运输中的竞争能力。水路运输中现代高速客船的发展也取得了很大进展，水翼船、气垫船等新型高速客船速度可以达到30~50节。在海湾、岛屿、海峡等地理环境下足以与其他运输方式竞争。

在运输实践中，旅客和货物所得到的服务速度是低于运载体的技术速度的。首先，运载工具不可能在运输全程中以技术速度运行，即运载工具的营运速度（运输距离／运输时间）总是低于技术速度的。例如，飞机必须进行升降作业，降落前必须减速飞行；铁路中途必须停站装卸和进行编组作业；船舶在港口进行装卸，途中速度会受到风、浪影响；汽车运行途中必须按交通规则减速避让等。其次，旅客和货物通常需要在机场、车站、码头等地集结和等待发送。通常等待时间与载体容量和发送频率有关，例如海船载体容量大、发送频率低，因此，货物必须较长时间在港口等待发送；而汽车载体容量小，集结等待时间就短。距离越短，等待时间占整个运输时间的比重就越大，服务速度就越低。因此，大容量海船、火车等不宜短程运输。

就运输速度来说，航空运输速度最快，高速铁路次之，水路运输最慢。但在短距离运输中，公路运输则具有灵活、快捷、方便的绝对优势。在评价某种运输方式的速度指标时，还应适当考虑运输的频率（或间隔时间）和运输经常性对送达速度的影响。

2.运输工具的容量及线路的运输能力

由于技术和经济原因，各种运输方式的运载工具都有其适当的容量范围，从而决定了运输线路的运输能力。

公路运输由于受道路的制约，其运载工具的容量最小，在公路上 100 吨的大件运输已相当困难，通常载重量是 5~10 吨；航空运输的升降作业限制它的载重量；铁路运输列车的载重量取决于列车长度和路基承受能力；船舶容量主要受航道和港口水深的制约，但一般来说其规模要比其他运输方式大得多。

运载工具的载容量和可行的运行密度决定了运输线路的运输能力。

3.运输成本

交通运输成本主要由四项内容构成，即基础设施成本、运转设备成本、营运成本和作业成本。基础设施成本在运输成本中占有很大的比重，如铁路运输中的线路建设、水路运输的河川整治等，车站、港口、机场、管道、灯塔也属于基础设施成本；运转设备成本是指牵引机车、动力机械等运输工具方面的投资，如电力机车、汽车、轮船、飞机、集装箱等；营运成本是指运输过程中所产生的能源、材料和人工等方面的开支；作业成本是指在交通运输的始发、中转和终点所发生的编组、整理、装卸、储存等作业而发生的各类费用。

以上四种成本在各种运输方式之间存在着较大的差异。比较各种运输方式的投资水平，还需要考虑运输密度和运载工具利用率等因素。对铁路来说，基础设施和运转设备方面的成本比重较大。铁路的线路建设投资大、周期长，又属于专用线路，因而成本较高。相反，公路、水路、航空也有线路投资，但这些线路是公用线路，分摊费用较小；而营运费用、作业费用却较高。评价各种运输方式的成本水平，要考虑多种因素。比如运输距离很重要，如果短距离运输，火车运输的固定费用高，其单位路程的运输成本必然高于汽车运输；但如果是长距离运输，火车的经济性就表现出来了。此外，运输密度也是影响运输成本的关键因素，密度大，成本会降低；密度小，成本会上升。一般来说，首先水运及管道运输成本最低，其次为铁路和公路运输，而航空运输成本最高。但是各种运输方式的成本水平是受各种各样因素影响的。例如与运量有关的固定费用，如果在运输成本中所占的比重较大，则成本水平受运输密度的影响也较大，这方面铁路运输最为显著。又如运输距离对运输成本也有很大的影响，这是因为终端作业成本（始发和终到）的比重随着运输距离的增加而下降，通常对水运的影响最大、铁路次之、公路最小。再如运载工具的载重对运输成本亦有相当的影响，载重量较大的运输工具一般来说其运输成本较低。这方面水路运输居于有利的地位。

运输业是世界消耗能源的主要产业。在各种运输方式的运输成本中，燃料费用均占有很大比重。由于世界能源的资源有限，所以节约能源已成为各个产业技术发展的主要目标。因此，能耗指标日益成为运输方式选择的重要指标。

我们可以以能耗的总体平均水平来加以比较。一般来说，航空最高，次之是公路运输，而水路运输较低。水路运输能耗低的主要原因是载体容量大、速度低。水路运输由于运载体的容量大，通常用于长距离的货物运输，因此具有极高的劳动生产率。汽车运输运载体的容量小，因此劳动生产率最低。

运载体容量和生产率这两个指标直接决定了运输成本中的燃料和工资费用水平，因此，从运输成本来看，通常水路运输特别是海上运输的成本最低，次之是汽车运输成本，而民航成本最高。可以认为，通常情况下提供的服务速度越高的运输方式，其运输成本就越高。

4. 经济里程

经济性是衡量交通运输方式的重要标准，对交通需求者来说，经济性是指单位运输距离所支付的票款的多少。交通运输方式经济性状况除受投资额、运转额等因素影响之外，主要与运输速度和运输距离有关。

一般来说，运输速度（特别是技术速度）与运输成本有很大的关系，表现为正相关关系，运输的经济性与运输距离有紧密联系。不同运输方式的运输距离与成本之间的关系有一定差异，例如铁路的运输距离增加的幅度要大于成本上升的幅度，而公路则相反。世界银行的研究报告指出，根据印度的经验，在200~250千米商品运输中，利用公路比利用铁路更经济。美国工业产品的公路平均运距是235千米。铁路运输具有较高的固定成本和作业成本，增加运输距离显然有利于减少运输单位成本中的分摊费用。从国外惯例上看，300千米以内被称为短途运输，应当分流给公路运输。旅客运输也存在类似的经济里程（或称为偏好里程，旅客运输对运距的选择除考虑经济性以外，还考虑舒适性）。

5. 我国交通运输业发展存在的问题

（1）交通基础设施总体规模不能满足经济发展的需要

虽然我国的交通运输业有了较快的发展，但我国现有的交通基础设施总体规模仍然很小，仍不能满足经济社会发展对交通运输不断增长的需求。我国按国土面积和人口数量计算的运输网络密度，不仅远远落后于欧美等经济发达国家，就是与印度、巴西等发展中国家相比，也存在较大差距。交通基础设施的缺乏，特别是在主要运输通道上客货运输能力严重不足，将对国民经济的健康发展产生不利影响。

（2）交通运输业的发展尚不能满足人民生活水平提高的需要

随着经济的发展，居民的收入水平将不断提高。居民收入水平的提高将带来居民消费行为和消费方式的变化。在收入水平很低时，居民将把他们的家庭收入主要用在食物和住房等一些生活必需品上。随着收入的增加，用于许多食物项目上的开支将增加，人们吃得更好。其食物结构将从以廉价的含大量碳水化合物的食品为主转向以昂贵的肉类、水果、可口的蔬菜等食品为主。然而，随着收入水平的进一步提高，总支出中用于食物的支出比重将下降。在收入达到很高水平时，用于衣着、娱乐和一些所谓的奢侈品项目（包括外出旅游）的支出比重将增加。

由于经济条件越来越好和闲暇时间越来越多，外出旅游将成为人们经常性的消费部分，人们对旅游服务质量的要求也会越来越高。信息化时代，每周例行的短途往返（从家里到办公地点，或家里到超级市场选购生活用品）的次数将相对减少，但是人们参加特定目的的长途旅行的次数可能会比以往任何时候都多。我国交通系统的构造必须满足居民外出旅游在数量上和质量上的需要。

居民外出旅行，要求运输方式快捷、舒适、安全。然而，我国的交通运输业不能完全满足这些要求，存在着高速公路比重不大、高速铁路尚属空白、民用航空业还不发达、运输服务质量亟待提高等缺点。

（3）交通运输设施的区域布局不利于地区之间的协调发展

我国是社会主义国家，又是一个多民族国家。从长远观点来看，只有在地区之间实现了协调发展，那么国家的安全和社会的稳定才能得以保证。

目前，我国东部地区交通比较发达，而中西部地区特别是西部地区交通比较落后，其发展受到了落后的交通运输的严重制约。中西部地区地域广大，资源丰富，尤其是西部地区又是少数民族聚居的地区，他们的发展具有重要的战略意义，是国家安全之所系。

（4）交通运输业的能耗高、污染严重，不符合可持续发展的要求

在过去的一个时期内，交通运输的快速增长是以较严重的资源破坏和环境污染为代价的。随着我国国民经济的持续快速增长，以及交通运输与国民经济密切关系的加强，今后相当长的一段时间内，交通运输的大发展是必然趋势，若按照目前的交通运输现状延续发展，势必对资源和环境造成更加严重的影响。

目前，城市交通运输业的发展所带来的污染已经严重破坏了居民的生存环境。机动车排放的尾气是城市空气污染的主要来源之一，严重危害着城市居民的生产生活环境。城市化的急速发展使汽车的使用量以每年 10% 的速度增加，城市空气中的颗粒物和二氧化硫有相当一部分是由汽车排放的。汽车排污也是城市空气中含铅量增加的

一个重要来源。交通管理的落后使交通混乱、车辆平均速度低，更加重了废气对环境的破坏性。例如北京的汽车数量只有洛杉矶的 1/10，但是排污量几乎与之相当。

（5）较低的交通运输技术和装备水平影响着运输效率的提高

我国在发展交通运输技术装备的过程中，走了一条立足本国同时积极引进国外先进技术和装备的路子，虽然改革开放后，随着我国经济实力的不断增强，在引进国外先进技术和装备方面有了较大发展，但从总体上讲，我国交通运输的技术装备水平仍与发达国家有较大差距。如铁路在货运重载、客运高速、自动化管理等方面，目前仍处于起步阶段；公路的许多重要路段混合交通仍较严重；内河航道基本上处于自然状态，高等级深水航道比重很小；大部分港口装卸设备及工艺落后、效率低下，发达国家已极少采用的件杂货物运输方式在我国港口仍普遍存在；民航航空管制、通信导航技术及装备落后已不适应民航的发展；交通运输工具则是先进与落后并存，且技术落后、状态较差的车辆、船舶居多数。技术状况的参差不齐和动力结构的不合理，既严重影响了效率的提高，又浪费了大量能源，还造成了严重的环境污染。

（6）各种运输方式分工不尽合理，市场竞争不规范，不利于优势的发挥

改革开放以来，我国各种运输方式均得到不同程度发展，综合利用和发展各种运输方式问题日益受到重视，从而为充分发挥各种运输方式的技术经济优势和功能、实现各种运输方式合理分工和协调发展、力求达到最经济合理地满足运输需求、为保证运输安全、合理利用资源、保护环境等目标创造了有利条件。

世界各国在发展综合运输体系方面，都是根据本国的自然地理、经济和社会发展、技术进步等条件，制定运输发展政策，促进各种运输方式的合理分工和协调发展。但是，许多国家走过一些弯路，如美国就经历了在高速公路和民用航空大发展之后，铁路运输竞争能力下降而大规模拆除铁路的交通运输发展历程。交通运输市场的自由竞争有其合理的一面，但所造成的资源浪费也是不可避免的。不过无论其交通运输的发展过程如何，但有一点可以肯定，各种运输方式的合理分工和协调发展是综合运输体系的核心问题，也是交通运输发展的客观要求。

从我国交通运输结构情况来看，公路运输和民用航空运输所占比重上升较快，这与我国经济发展、产业结构的变化紧密相关。经济越发达，产业结构中第二、三产业的比重逐渐增长，对高质量、高效率客货运输的需求越高，公路运输以其机动、灵活和门——门运输的优势，在公路状况和车辆装备水平提高的前提下，其承担的运输量必然增长；民航则因其快速、安全的运输也在经济高速发展过程中占有一席之地。这种发展趋势与发达国家运输发展规律基本相吻合。但是，由于我国在较长一段时期内对交通运输在国民经济发展中的地位与作用认识不足，使交通运输的发展严重滞后。

我国目前的运输结构是在运能严重短缺的状况下形成的，各种运输方式在分工上只能通过"走得了"来实现。铁路运输因价格偏低，路况较差，车辆技术水平不高，长期只能承担大量的短途运输。由于运输分工的不合理，在市场经济条件下，其市场竞争往往表现为不是通过提高服务质量来占领市场份额，而是满足大量并不适合其运输经济合理性的运输需求，市场范围交叉严重，在同类客货源上进行盲目竞争，使各种运输方式合理分工无法真正实现。同时，分工不明确，也妨碍各种运输方式通过取长补短进行协作，其结果是一方面，运输短缺，不能很好适应经济社会发展对运输的需求；另一方面，各种运输方式又不能充分发挥出潜能，从而发挥其在综合运输系统中的优势。

（7）交通运输业承担着过多的社会责任，不利于其自身的发展壮大

交通运输业不仅是国民经济的基础产业，而且是关联度极高的产业，不仅实现着商品和人员的跨地域流动，而且承担着协调产业布局、带动经济落后地区发展、带动上下游产业发展的任务。我国的交通运输还承担着国家大量重点物资、紧急调运物资、救灾物资、国防以及国土开发的运输任务，在支援国家重点经济建设、增强抵御与救治自然灾害能力、保证国家稳定、加强国防边防、巩固国家的政治统一等方面发挥着极大的作用。交通运输业绝大部分属于国有资产，能够满足社会和国家的急需，是应尽的责任，但是这些社会公益性的活动淹没在经营性活动中，两者界限不清，使交通运输运营单位得不到应有的补偿。有时某一铁路线路本身就是国土规划型的或社会目标型的，在相当长的时间内不可能有经济效益，但其费用却要由其他经营型铁路的收益来承担，这是很不合理的。国家以双重目标要求交通运输企业既要实现社会目标又要完成经营目标，这就导致对某些运输方式的定性模糊，市场主体地位不明确，在市场上表现为成本提高，利润微薄，甚至亏损，缺乏竞争力。

（8）政企不分，阻碍了交通运输业的健康发展

在交通运输领域，普遍地存在着政企不分的体制性问题，铁路运输系统更为明显。铁道部依然掌握着全路的主要生产、经营、投资、分配权力，既有铁路行业管理的职能，又有从事生产经营的职能；既代表国家行使国有资产的监督管理权，又有资产经营权；既是行业法规、条例的制定者，又是这些法规和条例的执行者，而被赋予法人地位的铁路局和铁路分局成为虚拟法人，既不具备法人财产权，也不具备完整的生产经营权，使铁路运输企业无法转型为规范的市场主体和法人主体，从而独立地面对市场配置运输资源。由于国家对铁路运输实行价格管制，这种价格既非来自市场供求状况，亦非来自企业自身的成本状况，铁路运输企业无法通过产品价格获取自身的正常经济收益。因此，必须改革我国铁路的运价形成机制，建立宏观条件下由市场进行定价的新的价

格机制，使运输企业走向市场，按市场需求特点组织和安排运输，在市场中提高竞争能力。

综上所述，要使我国的交通运输能顺应国民经济的发展，而综合运输体系的建立已成为迫在眉睫的关键问题。

第二章　交通运输安全管理

第一节　交通运输安全概述

　　交通的进步与发展给人类带来了数不尽的生活便利、经济效益和社会繁荣，但随着交通工具的使用与发展，交通事故的频繁发生也使人类蒙受了难以计数的损失。人类为了生存和发展，在安全管理及交通事故的处理过程中，积累了许多丰富的安全管理经验。交通运输安全随着交通运输的产生而产生，也随着交通运输的发展而发展。

一、交通运输安全富于社会发展之中

　　现代交通运输包括道路运输、铁路运输、水路运输、航空运输和管道运输五种不同的运输方式。这五种运输方式也被称为现代化的运输方式，它们区别于旧的、传统的以人力、畜力或风力为动力的运输方式。此外，还出现了一些新型的交通工具，如轻轨、气垫船等，但是这些新型的交通工具并未脱离原有的五种基本运输方式的范畴。如轻轨就是在原有的普通铁路的基础上发展起来的，并未脱离铁路的轨道运输形式。

　　交通运输业是国民经济的重要组成部分，它在整个社会机制中起着纽带、促进和保证作用。随着社会的发展，人们对交通运输的需求也迅速增长。

　　改革开放以来，我国的社会经济得到了巨大发展，交通运输业也相应取得了令人瞩目的历史性成就。基础设施规模不断扩大，整体技术水平显著提高，运输供给能力明显增强，运输紧张状况得到缓解。截至2022年年底，全国铁路营业里程达15.5万千米，其中高铁4.2万千米；公路通车里程535万千米，其中高速公路17.7万千米；港口拥有生产性码头泊位2.1万个，全国内河航道通航里程12.8万公里；民用颁证机场达254个；共有53个城市开通运营城市轨道交通，运营总里程9584千米。

　　随着社会经济的发展，我国道路通车里程逐年增长，机动车保有量不断增加，道路交通事故也呈逐年增长趋势。我国的交通事故基本是随着国民经济的发展而逐步上

升的，并随着当时的社会经济状况的变化而产生很大波动。全国交通事故年死亡人数在 20 世纪 50~60 年代为几百至几千人，70 年代发展至 1 万~2 万人，1984 年后事故死亡人数急剧上升，1988~1990 年稍有回落，1991 年后随着国家改革开放的深化，国家总体经济实力不断增强，汽车工业和交通运输业迅速发展，交通事故死亡人数急剧增加。

交通运输飞速发展，交通安全管理工作也面临着以下新的课题。

（1）新的运输形式的出现，必然会产生新的危害。由于人的认识能力有限，不可能马上完全认清其危害、制定防范措施，这就要求我们在安全管理工作中必须努力去发现和寻找出那些潜在的危害因素。

（2）各种交通安全影响因素的种类和数量不断增多。如城市轻轨的利用，增加了城市的交通噪声和交通振动。GPS 和计算机的广泛应用，同样产生对人体有害的放射性物质和强磁。另外还有交通废气等产生的危害。

（3）由于运输过程的大规模化、复杂化，造成危害的范围正在日益扩大。

（4）交通安全保障的要求以及技术难度相应增长。

由此可见，由社会经济发展带来的交通运输的飞速发展，不仅改变着各交通运输方式的结构和面貌，也对交通运输安全管理工作提出了更新、更高的要求。高科技的发展，涉及诸多的知识领域，安全管理技术也必须与其发展相适应。

几十年来，交通安全领域的专家学者一直在致力于如何减少安全事故的发生及发生事故后如何减少或降低事故的危害程度的研究，研究成果将在本书后面的章节中进一步介绍。

二、安全与交通运输安全

1. 术语解析

（1）安全

在古代汉语中，并没有"安全"一词，但"安"字却在许多场合下表达着现代汉语中"安全"的意义，表达了人们通常理解的"安全"这一概念。"安全"作为现代汉语的一个基本语词，在各种现代汉语辞书中都有着基本相同的解释。《辞海》对"安"字的第一个释义就是"安全"。

安全的定义有多种，加拿大运输部对安全的理解为：安全是危险可以控制的状态，国际船舶安全营运和防止环境污染管理规则（ISM 规则）对海上安全目标的理解就是保障海上安全，防止人员伤亡，避免对环境造成危害。由此可见，用通俗的话来说，安全就是人们在生活和生产过程中，生命得到保证、身体免于伤害、财产得以保存。也有人将"安全"定义为"不发生导致死伤、职业病、机械或财产损失的状态"，对于某些导致发生上述损失的状态，若其概率是可以接受的，也可视为安全。从本质上来讲，安全就是预知人们活动的各个领域里存在的固有危险和潜在危险，并且为消除这些危险而采取的各种方法、手段和行动。在交通运输活动中，人们在各种不同的交通环境和工作条件下，使用着各自的载运工具、机械进行运输生产，由此构成"人——载运工具——环境"系统。交通运输系统中的危险源和相关因素是很多的，因此，必须从系统观点出发，运用科学分析的方法对整个运输系统进行分析、评价，及早消除危险源，实现系统的安全。

（2）危险

《资源环境法词典》对"危险"的释义为："所谓危险，并非指已造成的实际损害，而是指极有可能对受害人人身和财产造成损害的一种威胁。"《中华金融辞库》对"危险"的定义是"未来灾害损失的不确定性包括发生与否、发生的时间、后果与影响的不确定性"。这种不确定性，与人的利益密切相关。按其性质，可以分为纯粹危险与投机危险；按其发生原因，可以分为自然危险、社会危险和经济危险等。《北京大学法学百科全书》对"危险"的定义为："自然界和人类社会中客观存在的，人类无法把握与不能确定的，足以造成社会财富的损毁或影响人的生命安全的潜在损失机会。"

作为安全的对立面，可以将危险定义为：危险是指在生产活动过程中，人或物遭受损失的可能性超出了可接受的范围的一种状态。危险与安全一样，也是与生产过程共存的过程，是一种连续性的过程状态。也可以说，危险是一种状态，它可以引起人身伤亡、机械破坏或降低系统完成运输功能的能力。危险包含了尚未为人所知的以及虽为人们所认识但尚未为人所控制的各种隐患。同时，危险还包含了安全与不安全矛盾斗争过程中某些瞬间突变发生所表现出来的事故结果。

（3）风险

在《职业健康安全管理体系规范》（GB/T28001-2001）中，将"风险"定义为："某一特定危险情况发生的可能性和后果的组合。"《现代劳动关系词典》对"事故风险"的解释为"从定性上说，事故风险指某系统内现存的或潜在的可能导致事故的状态，在一定条件下，它可以发展成为事故。从量上说，事故风险指由危险转化为事故的可能性，常以概率表示"。

风险有两种定义：一种定义强调了风险表现为不确定性；而另一种定义则强调风险表现为损失的不确定性。若风险表现为不确定性，说明风险产生的结果可能带来损失、获利或是无损失也无获利，属于广义风险，金融风险即属于此类。而风险表现为损失的不确定性，说明风险只能表现出损失，没有从风险中获利的可能性，属于狭义风险，交通风险即属于此类。

（4）事故

在《职业健康安全管理体系规范》（GB/T28001-2001）中，将"事故"定义为："造成死亡、疾病、伤害、损失或其他损失的意外情况。"在生产活动过程中，由于人们受到科学知识和技术力量的限制，或者由于认识上的局限，当前还不能防止，或能防止而未有效控制所发生的违背人们意愿的事件序列，即为事故。它的发生，可能迫使系统暂时或较长期地中断运行，也可能造成人员伤亡、财产损失或者环境破坏。事故的发生取决于人、载运工具和环境的关系，具有极大的复杂性。

（5）隐患

所谓隐患是指隐藏的祸患，就是在某个条件、事物以及事件中所存在的不稳定并且影响到个人或者他人安全利益的因素。从系统安全的角度来看，通常人们所说的隐患包括一切可能对人——载运工具——环境带来损害的不安全因素。隐患是事故发生的必要条件，隐患一旦被识别，就要予以消除。对于受客观条件所限不能立即消除的隐患，要采取措施降低其风险或延缓风险增长的速度，减少其被触发的概率。

在《现代劳动关系词典》中，"事故隐患"指企业的设备、设施、厂房、环境等方面存在的能够造成人身伤害的各种潜在的危险因素。也可以说，事故隐患是指物的不安全状态、人的不安全行为和管理上的缺陷。它实质是有危险的、不安全的、有缺陷的状态，这种状态可在人或物上表现出来，如人走路不稳、路面太滑都是导致摔倒致伤的隐患；也可表现在管理的程序、内容或方式上，如检查不到位、制度的不健全、人员培训不到位等。

（6）危险源

危险源是准事故系统，在《职业健康安全管理体系规范》（GB/T28001-2001）中，将"危险源"定义为："可能导致伤害或疾病、财产损失、工作环境破坏或这些情况组合的根源或状态。"

这些根源或状态称为广义的危险源，危险要素可以抽象为以下六个：

①能量和危险物质；

②个体和群体的行为失误；

③机具、材料和作业现场的结构缺陷；

④信息和沟通的噪声；

⑤环境和时空的干扰；

⑥管理决策的失误。

广义危险源的危险要素可以分为两类，其中的能量和危险物质属于第一类危险要素（此类危险要素在受控状态下没有危害）；其余的五个要素：个体和群体的行为失误，机具、材料和作业现场的结构缺陷，信息和沟通的噪声，环境和时空的干扰，以及管理决策的失误属于第二类危险要素（此类危险要素既可以构成第一类危险要素的受控状态，也可以造成第一类危险要素的失控状态）。

具体危险源亦即狭义危险源，它是具体的准事故系统，通常以具体准事故的名称冠名。

（7）安全性

在工程上研究安全时，采取一般概念上的近似客观量来定义安全的程度，叫安全性。与安全性对立的概念是描述系统危险程度的指标—危险性。设 S 代表安全性，D 为危险性，则有 $S=1-D$。显然，D 越小，S 越大；反之亦然。若在一定程度上消减了危险因素，就等于创造了安全条件。

（8）危险性

在工程上研究安全时，采取一般概念上的近似客观量来定义危险的程度，叫危险性。主要有两方面考虑：一是把危险性看成是一个系统内有害事件或非正常事件出现可能性的量度；二是把危险性定义为发生一次事故的后果大小与该事故出现概率的乘积。危险性表示危险的相对暴露的可能性。两者不一定是正比例关系，可能存在危险，但如果采取了预防措施，则危险性可能不大。例如高速公路，只要通了车，则就有发生车祸的固有危险性。如果这条高速公路不进行有效的交通管制，那么在车流比较集中的地方，就有高度危险性。

（9）可靠性

可靠性是判断和评价系统或元素性能的一个重要指标。可靠性是指系统或元素在规定的条件下和规定的时间内，完成规定功能的性能。一般来说，机械设备、装置、用具等物的系统或元素的故障，可能导致物的不安全状态或引起人的不安全行为。因此，可靠性与安全性有着密切的因果关系，从某种程度上讲，可靠性高的系统，其安全性通常也较高。

3.概念之间的相互关系

（1）安全与危险

安全与危险是一对矛盾，一方面双方相互排斥、互相否定，另一方面两者相互依存，共同处于系统这一统一体中，存在着向对方转化的趋势。安全与危险这对矛盾的运动、变化和发展推动着安全科学的发展和人类安全意识的提高。事物越安全，其危险性就越低；事物危险性越高，则其安全性就越低.

（2）安全与事故

安全与事故是对立统一、相互依存的关系，即有了事故发生的可能性，才需要安全，有了安全的保证，才可能避免事故的发生。某一安全性在特定条件下是安全的，但在其他条件下就不一定会是安全的，甚至可能很危险。绝对的安全不可能达到，但却是社会和人们努力追求的目标。在实践中，人们或社会客观上自觉或不自觉地认可或接受某一安全性（水平），当实际状况达到这一水平，人们就认为是安全的，而低于这一水平，则认为是危险的。

（3）危险与事故

危险不仅包含了作为潜在事故条件的各种隐患，还包含了安全与不安全的矛盾激化后表现出来的事故结果。危险是指发生导致死伤、职业病、设备或财产损失的状况，具有发生事故的可能，但不一定发生了事故。事故是指突然发生了与人的意志相反的事件，如果一个系统经常发生事故，则系统是危险的。事故发生，系统不一定处于危险状态，事故不发生，也不能否认系统不处于危险状态，事故不能作为判别系统危险与安全状态的唯一标准。

（4）事故与隐患

事故是指突然发生了与人的意志相反的事件，而隐患则是不利于安全的因素，是一种失控的状态，但尚未发生事故。如果系统中存在大量的隐患，则发生事故的可能性就高；如果系统常常发生事故，则一定存在大量的隐患。事故是隐患发展的结果，而隐患则是事故发生的必要条件。

（5）危险源与事故

危险源是导致事故的根源和状态，危险源与事故是因果关系。第一类危险源的存在是事故发生的前提，没有它事故就不可能发生，通常指的是能量和危险物质；第二类危险源（事故隐患）的存在会导致第一类危险源突破屏蔽造成意外释放，当与人体接触超过了人体承受的范围就会导致伤害事故。在事故发生、发展过程中，两类危险源相互依存、相辅相成。

4.交通运输系统安全

所谓交通运输系统安全，是指在交通运输系统运行周期内，应用安全管理及安全工程原理，识别运输系统中的危险性并排除危险，或使危险减至最小，从而使交通运输系统在营运效率、使用期限和投资费用的约束条件下达到最佳安全状态。简言之，交通运输系统安全就是交通运输系统在一定的功能、时间和费用的约束条件下，使系统中人员和装备遭受的伤害和损失降为最少。也可以说，交通运输系统安全是一个运输系统的最佳安全状态。

要使运输系统安全，就必须在该系统的规划、研究、设计、建设、试运营和使用等各个阶段，正确实施系统安全管理和安全工程。人们在运用系统时，总是希望在人力、物力、财力和时间等约束条件下，所设计的系统具有最佳工作状态，如最佳性能、最大可靠性和最大期望寿命等。寻求这种最佳效果的愿望，几乎渗透于系统的规划、研究、设计、建设、运行等各个阶段，而这就需要应用优化理论。关于优化理论已超出了本书的范围，读者需要时可参考有关专著。要使运输系统能达到安全的最佳状态，应满足以下几点条件：①在能实现运输系统安全目标的前提下，运输系统的结构尽可能简单、可靠；②配合系统运营的操作指令数目最少；③任何一个部分出现故障，保证不导致整个运输系统运行中止或人员伤亡；④备有显示事故来源的检测装置或警报装置；⑤备有安全可靠的自动保护装置并制定行之有效的应急措施。

第二节　交通运输安全的研究内容

交通运输安全是一门理论与实践相结合的学科，它的基本任务就是分析、评价、控制危险和应急。研究内容同样是围绕基本任务展开的。

一、交通运输安全的基本理论

随着理论和实践的不断发展，20世纪70年代发达国家就充分认识到交通事故是影响国民经济和社会生活的重大问题，因而从人、车、路、环境等多方面着手，综合运用管理技术和科学技术来研究治理交通安全问题，最终取得的成效显著。从20世纪70年代以来，西方发达国家的道路交通事故就处于逐渐下降趋势并保持在较低的水准线下，其交通事故死亡人数仅占全球总数的1/4，但车辆数却占全世界的2/3左右。但同一时期发展中国家的道路交通事故却进入了持续增长的状态，这虽然与这些国家国民经济持续高速增长和机动车保有量直线上升有关，但也和国民交通安全意识落后，安全管理体制不完善，执法不力和安全管理技术水平不高有密切关系。

人类对于安全管理基本理论的探究主要经历了以下三个阶段。

1. 起步阶段

1950年前后是安全理论的起步阶段，此阶段的代表理论是事故学理论。

事故学理论的基本出发点是事故,以事故为研究的对象和认识的目标,在认识论上主要是经验论与事后型的安全哲学,是建立在事故与灾难的经历上来认识安全,是一种逆式思路(从事故后果到原因事件),该理论的主要特征在于被动与滞后,是"亡羊补牢"的模式,突出表现为一种头痛医头、脚痛医脚、就事论事的对策方式,是基于以事故为研究对象的认识,形成和发展了事故学的理论体系。具体理论有:

(1)事故分类学:按管理要求的分类法,如加害物分类法、事故程度分类法、损失工日分类法、伤害程度与部位分类法等;按预防需要的分类法,如致因物分类法、原因体系分类法、时间规律分类法、空间特征分类法等。

(2)事故模型论:包括因果连锁模型、综合模型、轨迹交叉模型、人为失误模型、生物节律模型、事故突变模型等。

(3)事故致因理论:包括事故频发倾向论、能量意外释放论、能量转移理论、两类危险源理论、事故预测理论(线性回归理论、趋势外推理论、规范反馈理论、灾变预测法、灰色预测法)等。

(4)事故预防理论"3E"对策理论、事后型对策等。

事故学理论的主要导出方法是事故分析(调查、处理、报告等)、事故规律的研究、群后型管理模式、三不放过的原则(即发生事故后原因不明、当事人未受到教育、措施不落实三不放过);建立在事故统计学上致因理论研究;事后整改对策;事故赔偿机制与事故保险制度等。

事故学理论对于研究事故规律,认识事故本质,从而对指导预防事故有重要意义,在长期的事故预防与保障人类安全生产和生活过程中发挥了重要作用,是人类安全活动实践的重要理论依据。但是由于现代工业固有的安全性在不断提高,事故频率逐步降低,建立在统计学上的事故理论随着样本的局限使理论本身的发展受到限制,同时由于现代工业对系统安全性要求不断提高,直接从事故本身出发的研究思路和对策,其理论效果不能满足新的要求。

因此,现阶段交通运输安全的特点是:交通安全事故较多,每年各国因交通事故产生的损失巨大。理论界开始注意研究事故理论和防止措施,但交通安全事故发生的频率没有明显减少。

2. 发展阶段

1950~1980年这一阶段是安全管理理论的大发展阶段,该阶段的主要安全管理理论是危险分析与风险控制理论。

该理论以危险和隐患作为研究对象,其理论基础是对事故因果性的认识,以及对危险和隐患事件链过程的确认，建立了事件链的概念，有了事故系统的超前意识流和动态认识论，确认了人、机、环境、管理的事故综合要素，主张工程技术硬手段与教育、管理软手段相结合的措施，提出超前防范和预先评价的概念和思路。

由于研究对象和目标体系的转变，危险分析与风险控制理论发展了如下理论体系。

（1）系统分析理论：FTA 故障树分析理论、ETA 事件树分析理论、SCL 安全检查表技术理论、FMFA 故障及类型影响分析理论等。

（2）安全评价理论：安全系统综合评价理论、安全模糊综合评价理论、安全灰色系统评价理论等。

（3）风险分析理论：风险辨识理论、风险评价理论、风险控制理论等。

（4）系统可靠性理论：人机可靠性理论、系统可靠性理论等。

（5）隐患控制理论：重大危险源理论、重大隐患控制理论、无隐患管理理论等。

由于有了对事故的超前认识，结果是这一理论体系导致了比早期事故学理论更为有效的方法和对策，如预期型管理模式；危险分析、危险评价、危险控制的基本方法过程；推行安全预评价的系统安全工程；四负责的综合责任体制；管理中的"五同时"原则；企业安全生产的动态"四查工程"等科学检查制度等。危险分析与风险控制理论指导下的方法，其特征体现了超前预防、系统综合、主动对策等。

危险分析与风险控制理论从事故的因果性出发，着眼对事故前期事件的控制，对实现超前和预期型的安全对策，提高事故预防的效果有着显著的意义和作用。但是，这一层次的理论在安全科学理论体系上，还缺乏系统性、完整性和综合性。

此阶段的特点是：出现了一批具有针对性的危险分析与风险控制理论，并提出了一系列交通安全管理措施与方法，对事故的发生起到了一定的控制作用，西方发达国家的交通安全事故受到了一定程度的控制，但中国和印度等发展中国家的交通安全问题仍然没有得到较好的解决。

3. 现代安全科学阶段

从 20 世纪 90 年代以来，现代安全理论初见端倪，新技术层出不穷，目前正在不断发展和完善之中。

该阶段安全理论以安全系统作为研究对象，建立了人—物—能量—信息的安全系统要素体系，提出系统自组织的思路，确立了系统本质安全的目标。通过安全系统论、安全控制论、安全信息论、安全协同学、安全行为科学、安全环境学、安全文化建设等科学理论研究，提出在本质安全化认识论基础上全面、系统、综合地发展安全科学理论。

安全原理的理论系统还在发展和完善之中，目前已初步形成的理论体系包含有安全哲学原理、安全系统论原理、安全控制论原理、安全信息论原理、安全法学原理、安全经济学原理、安全组织学原理、安全教育学原理、安全工程技术学原理等，目前还在发展中的安全理论有安全仿真理论、安全专家系统、系统灾变理论、本质安全化理论、安全文化理论等。

自组织思想和本质安全化的认识，要求从系统的本质入手，提供主动、协调、综合、全面的方法论。具体表现为：从人与机器和环境的本质安全入手，人的本质安全不仅要解决人的知识、技能、意识素质，还要从人的观念、伦理、情感、态度、认知、品德等人文素质入手，提出安全文化建设的思路；物和环境的本质安全化就是要采用先进的安全科学技术，推广自组织、自适应、自动控制与闭锁的安全技术；研究人、物、能量、信息的安全系统论、安全控制论和安全信息论等现代工业安全原理；技术项目中要遵循安全措施与技术设施同时设计、同时施工、同时投产的"三同时"原则；企业在考虑经济发展、进行机制转换和技术改造时，安全生产方面要同步规划、同步发展、同步实施，即所谓"三同步"的原则；还有"三点控制工程""定置管理""四全管理""三治工程"等超前预防型安全活动；推行安全目标管理、无隐患管理、安全经济分析、危险预知活动、事故判定技术等安全系统科学方法。

此发展阶段的特点是：交通安全管理由原来的事后管理，逐步发展到风险控制和安全科学管理，一系列的安全技术和措施在安全运输企业得到全面的运用，全球安全事故得到了较好的控制，交通安全的形势大为改观，车辆事故率及里程事故率持续下降，多年来道路交通事故维持在较低的水平上并趋于稳定。

二、交通运输安全的分析与评价

1. 运输系统安全分析

运输系统安全分析是实现交通运输系统安全的重要手段，它的目的在于通过分析使人们识别系统中存在的危险性，并预测其可能的后果。因此，它是完成运输系统安全评价的基础。根据不同的情况和要求，可以把分析进行到不同的深度，可以是初步的，也可以是详细的。

运输系统安全分析的方法有数十种之多，这些方法有定性的也有定量的，有逻辑推理的，也有综合比较的。要想完成一个准确的分析，就必须要事先了解各种分析方法的特点、适用场合，经过比较，再决定采用哪种分析方法。但不管采用哪种分析方法，都要事先建立一个系统分析模型。这种模型大多数采用图解方式，表示出系统各单元之间的关系。这样易于被人们掌握系统各单元之间的关系和影响，便于查到事故的真正原因和危险性大小。

2. 安全评价

安全评价要以运输系统安全分析为依据，只有通过分析，掌握了系统中存在的潜在危险和薄弱环节、发生事故的概率和可能的严重程度等，才能正确进行安全评价。

安全评价分为定性评价和定量评价。定性分析的结果用于定性评价，而定量分析的结果用于定量评价。任何定量方法总是在定性的基础上开始的。但是定性评价只能够知道系统中的危险性的大致情况，如危险性因素的多少和严重程度等。若要深入了解运输系统的安全状态，还有待定量评价。通过定量评价的结果，决策者才可以选择最佳方案，进而决策部门才可以根据评价结果监督改进交通安全状况。

交通运输安全评价是交通安全管理工作中非常重要的一部分，对于评价安全管理水平、提前采取防范措施、实现交通运输安全"预防为主"具有十分重要的意义，交通运输安全评价涉及不同的使用条件，需要采用不同的方法，需根据具体情况适当选用。

交通运输安全调查统计与分析方法主要包括交通安全统计调查的指标方法、内容、相关调查指标、数理模型等，并在此基础上介绍交通安全数据统计分析方法，主要有：

（1）统计图表分析；

（2）因果分析图；

（3）安全检查表；

（4）危险性预先分析；

（5）故障模式及影响分析；

（6）危险性和可操作性研究；

（7）事件树分析；

（8）事故树分析。

交通运输安全调查统计部分最后给出了国内外道路交通安全中的一些分析模型。

交通运输安全评价方法部分首先对安全评价工作的含义、安全评价工作的内容和程序、安全评价工作的目的和意义进行了论述，主要涉及目前交通运输安全评价过程中所采用的安全评价表工作方法、作业条件危险性评价法、概率安全评价法、安全综合评价法等。其次给出了具体工作过程中所采用的数理模型，并对这些方法的优缺点进行了分析。最后介绍了安全评价方法选用的准则和各种安全评价方法的适用范围。

三、交通运输安全技术

为了提高交通安全水平、防止交通事故的发生，除从管理和交通的角度提高民众交通安全意识外，还应该从工程技术的角度采取各种技术手段减少各种危险情况出现的概率。为了提高交通安全水平而采取的各种工程技术措施与手段合称为交通运输安全技术。

交通运输安全技术主要从以下五个方面入手。

（1）从设计入手，达到从根本上解决交通运输安全问题的目的。

（2）在交通运行的过程中，加强对移动设备、固定设备、环境等状态以及运输对象实时监控。

（3）基于维护、维修的移动设备和固定设备的安全检测。

（4）交通事故发生后所采取的救援技术，即交通运输设施投入使用前、使用过程中及事故发生后的各种工程措施与技术手段。

（5）交通运输预警与应急技术。随着科学技术的发展，人们越来越重视对危险信号的预警，在交通运输中预警技术也取得了一定的进展，保障了交通运输系统的安全运行。

随着社会的发展和科学技术的进步，现代技术已渗透至社会各个领域，特别是随着现代通信和计算机技术的发展，为交通安全控制系统的建立创造了条件，交通运输安全技术向着信息化、智能化方向发展，为交通运输安全水平的提高提供了强大的支持。随着世界各国对 ITS 开发的支持与相关产品的应用，越来越多的交通安全产品投入使用，极大地改善了交通运输安全状况。

四、交通运输安全管理

安全寓于交通运输之中，安全与交通过程密不可分。安全性是交通运输生产系统的主要特性之一，以实现交通安全、避免伤亡事故为目的的安全管理，与交通运输行业的生产经营、质量管理等各项管理工作密切关联、互相渗透。一般来说，交通运输基础设施的安全状况是整个行业综合管理水平的反映，在该行业其他各项管理工作中行之有效的理论、原则、方法，也基本上适用于安全管理。

交通安全管理是研究交通安全管理在交通事故发生和预防中的地位、作用，以及如何利用交通安全工程的手段防止交通事故发生的科学知识体系。

具体而言，交通安全管理的基本内容就是预测、评价和控制危险。

其分析过程可概括为：

①运输系统安全分析（识别与预测危险）；

②危险性（安全性）评价（包括人、载运工具、环境、组织等；

③比较；

④综合评价；

⑤最佳的安全决策。

从以上分析过程可看出，运输系统安全分析和评价是交通运输安全管理的核心，只有分析准确、评价科学，才能得出最佳的结果，由此采取的安全措施才能得力。

安全措施是针对存在的问题，对运输系统进行调整，对危险点或薄弱环节加以改进。安全对策主要有两个方面：一是预防事故发生的措施，即在事故发生之前采取适当的安全对策，排除危险因素，避免事故发生；二是控制事故损失扩大的对策，即在事故发生之后采取补救措施，避免事故继续扩大，使损失降到最小。

第三节　交通运输安全的发展历程与趋势

当前，世界各国对交通安全都非常重视，交通工程专家对交通安全进行了广泛而深入的研究，并且取得了丰硕的成果。美国、英国对交通安全开展研究最早，始于20世纪初；德国、法国、意大利和苏联次之，始于20世纪50年代；日本又次之，始于20世纪60年代；中国最晚，直到20世纪80年代才开始。

各国交通安全工程的基本理论与基本实践都是一致的，交通事故的基本规律、特性大致也相同，但是由于各个国家的政治制度不同、经济发展程度不同、宗教信仰不同、地理条件和气候条件也不尽相同，所以各国的交通状况、技术水平、交通安全管理手段、事故发生率也各有差异。本部分以道路交通为例比较各国交通安全的发展。

一、国外交通安全发展及其特点

到20世纪末，世界道路交通事故从总体上来说或趋于下降，或趋于稳定，但形势依然不容乐观。

1. 国外交通安全的发展

自汽车发明以来，全世界道路交通事故的死亡人数已逾3000万人，比同期战争死亡人数还多。交通事故死亡人数占非自然死亡的 1/4 左右，已成为世界最大公害。交通事故给社会、家庭带来的危害是巨大和长远的。道路交通事故造成的经济损失一般占国民经济生产总值的 2%~3%，西方发达国家在 20 世纪 50 年代前后，开始研究事故理论，企图减少事故的发生；在 20 世纪 50~80 年代，理论界又研究和发展了危险分析理论和风险控制理论，目的在于降低安全事故的发生；20 世纪 90 年代以后逐步发展起来的理论是现代安全科学理论，目的是全面控制安全事故的发生。

公路交通受人、车、路、环境等复杂因素的影响，因此不可避免地发生交通事故，这是一个社会问题，世界各国都投入大量的人力、物力来研究应对交通事故的政策与具体的安全管理措施。

（1）交通安全规划方面

所谓交通安全规划就是通过研究交通事故，发现其规律，制定交通安全政策与法规，实施对交通过程的控制，以防止事故，减少人员伤亡，减少财产损失，使人人都感到安全的目标管理。

英国早在 20 世纪 80 年代就提出了新的城市交通安全规划方法，即地区的交通安全管理（LASS）。它的作用是帮助地方政府在实行城市区域的总体规划时，实施道路交通安全规划。交通安全规划必须考虑以下三个方面的问题：

①城市区域的交通安全管理目标，必须包括减少地方、地区、国家交通事故的目标水平；

②交通安全政策必须保持和区域内的各项政策相统一，保证安全性、协调性、环境和土地政策的平衡；

③应和区域内各地方政府的交通安全目标统一、不矛盾。

（2）交通安全对策方面

英国有五个城市定出了本地区的交通安全管理计划。通过六年的实施使事故减少 13%（可信度 95%）。

美国是公路最发达的国家，不仅通车里程长，道路四通八达，而且车道数也多，因此汽车运输在美国占有重要的地位。但是，大型货运车辆发生交通事故所造成的损失很大，为减少这类交通事故，美国学者详细研究了驾驶员连续驾车时间与事故率的关系，得出的结论是长途驾车与休息时间的良性循环关系为工作 10 小时，休息 8 小时。

英国、丹麦的学者研究发现，传统的交通事故概率统计法用于评价交通事故会产生较大的误差，导致盲目乐观。交通事故具有"移动性"和"危险路段的非移动性"。因此，必须研究适应交通事故规律的统计分析方法。经过探索，采用了计算机进行道路车流的交通安全模拟分析，分析结果表明，交通事故的增加与交通量、车速、饮酒量成正比。

荷兰学者认为，交通安全应分为发达国家交通安全与发展中国家交通安全两种。因为交通安全因素中的人、车、路、环境的水平都与国家的经济发达程度有关。当发展中国家的汽车逐渐增多，人与汽车的关系更密切的时候，人们遭遇危险程度也在增加。而在发达国家，酒后驾车和违章超速是事故的主要原因。

在欧美多数国家存在着相同的交通安全问题，如交通拥挤使人焦躁、紧张，容易出现抢道、超速行车等现象，从而引发交通事故。另外，雨、雾、雪天气多，道路冰冻时间长，发生连续追尾交通事故的概率就会激增。对此，多数国家采用的交通安全对策是：限速；改善道路交通环境，保护交通弱者，特别是老人和孩子；禁止酒后驾车。同时，政府出资，由大学承担进行全国性的交通安全调查，在汽车保险公司、大学、汽车运输业中成立交通安全机构，专门研究交通安全问题，研究的问题包括：

①收集、研究交通安全的数据，提出长期的国家交通安全目标和评价方法；

②道路建设和基本建设项目对交通安全影响的评估；

③人的因素，安全教育；

④交通运输工具的安全性。

另外，还应包括夜间照明、发展中国家的交通安全、企业的交通安全、计算机模拟护栏碰撞的效果、路面的防滑、酒精和药物的影响、速度控制、驾驶行为、事故统计学、座位安全带的研究。

2.国外交通安全特点

世界上一些经济发达国家在 20 世纪 70 年代初期以前，随着汽车保有量的增加，交通事故发生频率也相应增多，到 1990 年交通事故数达到最高峰。1990 年以后，尽管汽车保有量仍在增加，但是由于政府采取了各种安全措施，包括对人的安全教育、驾驶员和行人行为的改善、公路和车辆设计的优化以及交通法规的完善，使交通事故死亡人数一直呈下降趋势，但是受伤人数持续增加。

交通安全是一个系统工程，与人、载运工具、环境和管理等诸多要素有关。从一些发达国家对交通事故事前、事中、事后三个阶段的安全管理来看，具有以下特点。

（1）重视交通安全宣传教育

美国、日本等发达国家十分重视对公民的交通安全宣传教育，尤其是对中小学生的交通安全教育，加强对公民进行系统的交通安全教育，对全民交通安全知识水平的提高和交通环境的改善起到了积极的促进作用。

（2）交通事故紧急救援体系完善

紧急救援系统的建立是减少交通事故死亡人数的重要手段。为保证以最快的速度、最短的时间到达第一现场，警察、消防、医院救护、边防警卫、海军救援、独立救援单位都参与其中。几乎所有发达国家的消防人员都参与了交通事故紧急救援，并且已经培养出了应对各类事故的医疗紧急救援（包括交通事故的快速反应）能力的专门人才。日本在1991年制定了《急救人员法》，同时建立救护服务开发基金会，还建立了中央紧急救生培训学院，专门培训全国紧急医疗队员，经培训后方为合格的紧急救生人员。

（3）严格公正执法

交通违章是诱发交通事故的重要原因，没有交通违章就可避免大多数的交通事故。国外对交通违章的处罚十分严厉，这样的做法对道路交通事故的发生起到了极好的预防作用。

3. 对我国的启示

近几年，我国各类交通事故居高不下，事故起数、死亡人数高居世界第一，占全国安全生产死亡人数的80%以上。道路交通事故的频繁发生，不仅造成了巨大的经济损失，也给成千上万的家庭带来了沉重灾难。如何切实加强交通安全管理，有效预防和遏制交通事故，特别是重特大事故频发的势头，是值得当下学者研究和思考的问题。国外的交通安全管理给我们的启示有以下三个方面。

（1）必须提高全民安全意识

强化交通安全宣传教育，提高全民的交通法治观念和交通安全意识是预防交通事故的基础。交通安全意识包括良好的大众意识、自尊自爱意识、遵章守法意识，大众意识是把自身和大众融为一体，把自己的行为不单纯地看作一种个人行为，而是对社会和大众有影响的大众行为，这是维护交通秩序、保证交通安全的意识基础。自尊自爱意识就是要先懂得珍惜自己的生命和权利，才会体会到他人生命、权利的重要，才知道怎样规范自己的行为，以使他人不受损害。交通法规是综合无数人鲜血的教训、运用科学的原理和方法制定的。能否遵守执行，在很大程度上取决于人的自觉性，自觉的本身其实也是一种约束，当这种约束逐渐变为习惯，就成了自觉的意识行为。

加强交通安全宣传教育，提高交通参与者的素质，是确保交通安全的重要举措，是预防交通肇事的治本之策。必须建立社会化的交通安全宣传教育管理体系，创新交通安全宣传模式和机制，逐步提高公民的交通法治观念和交通安全意识。正如一场SARS攻坚战，可以消灭人们不良的卫生习惯，一场持久的交通安全宣传教育活动，必将有效地遏制和减少交通事故的发生概率，从而确保人民生命财产的安全。

（2）建立交通事故紧急救援体系

建立道路交通事故紧急救援体系是预防道路交通事故、减少人员伤亡的必经之路。欧美、日本等发达国家的成功经验告诉我们，拥有完善的道路交通事故的紧急救援系统，是减少道路交通事故死亡人数和其他后延损失的重要手段。目前，尽管我国受到财力限制，还不可能一下建立起像德国那样完善的交通事故紧急救援处置系统，但是完全可以从完善交通事故紧急呼叫系统开始，逐步建立和完善"医救联动""医警联动"机制，最终建立起真正的道路交通事故紧急处置系统。

（3）交通安全必须依靠现代化管理手段

①建立高效、实用的交通信号控制系统。充分发挥科学技术对交通流量的有效调节作用，提高现有道路的通行能力，创造较为安全、畅通的交通环境。

②以信息化推动交通安全管理现代化。加快建设运输车辆数据库、从业人员数据库、违章处罚信息系统、运输统计信息系统、年审信息系统等，及时掌握第一手运输信息数据，用科技手段强化安全管理，实现由粗放型的安全管理向规范化的安全管理转变，由直接的安全管理模式向非接触式的安全监督管理模式转变。

③构筑全国统一的安全监督管理网络。实行联网管理，并在营运车辆上推广应用GPS系统和车辆行驶记录仪，强制规定驾驶员定时休息，防止疲劳驾车，把违章情况记入驾驶员的电子档案，并影响其终身信用等级，让事故易发、多发的驾驶员无人聘用，使其无法从事驾驶员职业。

④严格考证制度。加强对驾驶员从业适应性检查，对达不到要求、易引发事故的，从培训核发驾驶证之初，就将其拒之驾驶员职业门外，对已取得驾驶员职业资格的，劝说其退出驾驶员队伍，收回驾驶证。

⑤加强交通执法的效果和力度。与发达国家相比，我们在交通管理执法上还存在很多的问题，法不责众、领导说情、特权车等现象在交通执法中司空见惯。要想真正做到依法治理交通，就必须做到严格执法，法律面前人人平等，只有这样才能规范交通参与者的行为，进而保障交通安全。

二、国内交通安全发展及其特点

1. 我国交通安全的发展

我国交通安全研究起步较晚，20世纪90年代以后，有部分学者将国外的安全管理理论应用于国内的交通安全实践，但一直没有取得明显的效果。1978~1995年是中国国民经济的高速增长期，年均国民经济增长率为9.95%，而道路交通事故也同时进入高增长期，交通事故死亡人数年均增长率达到 8.9%，且事故死亡率高达 25%，为发达国家的十倍以上。无论是交通事故死亡数还是交通事故死亡率，中国都高居世界排行榜首，2002 年以来，我国道路交通事故和死亡人数快速增长的势头得以初步遏制。但是，当前道路交通安全形势依然严峻。从发展态势来看，随着我国逐步进入汽车社会，机动车尤其是汽车保有量将持续快速增长，如不进行系统性的政策调整，则道路交通安全形势不容乐观。

2. 我国交通安全特点

我国由于机动化的迅速发展，道路、车辆安全的不完善，以及交通参与人行为等因素，交通事故上升较快，从而导致交通事故死亡人数持续增加。道路交通安全管理具有以下特点。

（1）全民交通安全意识不强。目前，不论在城市还是农村，违章行车（走）、违章载重（客）、违章乘车等行为，可以说是无处不在，无时不有。如果每一位公民都能自觉遵守现有的法律、法规和规章，自觉抵制违章行为，那么我国的交通状况，将会出现根本性的好转。因此，逐步提高全民素质，提高全民的交通安全和自我保护意识，是扭转交通事故频发被动局面的重要措施。

（2）驾驶员素质不高。由于我国安全教育状况比较落后，当前大部分驾驶员的素质不高。驾驶员培训、考核中，培训课程、方式方法、考试内容、程序、严格程度等都在不断完善和提高过程中，因此在现实中，驾驶员驾驶技术不高，处理问题能力不强，尤其是在紧急状况下，如何正确采取果断措施，这些因素都影响交通安全。

（3）人为降低车辆的安全性能。如车辆带病上路；随意改装车辆，擅自变更车辆的构造、用途，有的随意装修报废车辆，有的任意加宽加高加长等；车辆核定载重时，有些车辆制造厂，为了迎合购车者逃避或少交有关税费的要求，将按国家标准规定、实际载重量大的车辆，出厂时核定为比实际载重量小的载重量。

（4）客货运输管理不力。运输市场实行改革放开后，尽管国家有关部门制定了一系列政策措施，在激活市场的同时，防止无序竞争。但由于一些管理措施不完善，管理力度不大，不讲资源配置，放松资质审查，把放开搞活同加强管理对立起来，盲目发展，给当前运输市场尤其是客运市场的管理带来很大困难。这也是诱发重特大事故发生的重要原因之一。

（5）执法不严、以罚代纠现象仍然存在。道路交通违章现象日益严重，屡禁不止，同样的违章受到不一样的处理，违章受罚没纠正仍然行驶等，都是和执法不严、以罚代纠现象分不开的。

综上所述，要使我国道路交通状况有根本性好转，只有综合治理，标本兼治，并坚持三个原则，即严格依法管理原则、安全意识原则和奖惩分明原则。在此前提下，从人员素质、法律法规、体制和政策、车辆改造、道路维护、行政执法等各方面综合治理，分清轻重缓急，才能逐步提高我国道路交通管理的水平。

我国水运安全管理具有以下特点。

（1）我国水上安全法规体系不完善

现行船舶运输安全管理的法律只有《海上交通安全法》，国务院颁布的法规也只有《内河交通安全管理条例》《船舶登记条例》《船舶检验条例》等。这些法律、法规还不能构成完善的水上交通安全管理法规体系，而且这些法律、法规大多制订于计划经济时代，虽然现在仍然发挥着重要作用，但不能解决新出现的问题。而部门规章都是根据这些法律、法规制定的，结果使很多问题无法解决，而且部门规章效力较低、强制力不够，结果是不能适应依法治理的目标。

（2）水上交通安全执法部门缺少履行其职责必要的行政强制权

由于立法层次低和强制力不够，执法部门虽然发现了大量事故隐患和严重违法违章现象，但交通执法部门在这些必须严格管理的问题上由于没有法律依据而缺乏管理力度和强制手段，致使违法现象屡禁不止，事故时有发生。如一些船舶为单纯追求原利，违章超载十分严重，是导致水上事故的主要原因，水上安全执法机构依据现行法律、法规只能给予小额罚款，处罚力度不够，致使违章超载屡禁不止。

（3）我国水上交通安全生产管理体制不完善

目前，水上交通安全管理由交通部门负责，但是水上执法却涉及若干部门，如交通、边防、海关、水利、旅游、海洋、农业等，结果导致当前我国水上执法呈现"九龙治水"局面，各执法部门都有自己的执法力量，存在一定的职责交叉。

另外，当前我国的搜救体制的问题还没有得到有效的解决，搜救力量还有待进一步充实，我国海事、救助机动反应能力与国外先进水平相比差距在20年以上。目前我国的海上搜救中心办公室设在交通部海事局，负责协调搜救力量，但该中心为非常设机构，没有编制，没有经费，没有自用搜救力量，没有任何强制手段，在紧急情况下很难协调出有效力量实施救助。而我国的专用救助力量经费也严重不足，救捞部门不得不采取"多种经营"的策略来保证职工队伍的稳定和保证救助费用；而由于分出部分救助力量实施经营，有时在紧急情况下的救助就显得力不从心，从而难以高质量地完成搜救任务。

（4）我国安全管理基础设施投入相对较少

尽管在过去的10年中我国水上交通安全管理基础设施建设有了一定进步，但从总体上讲，沿海主要港口航道还不能适应船舶大型化的要求，内河航道等级偏低，高等级航道数量明显不足。内河港口"四无"（无码头、无机械、无堆场、无锚地）现象普遍，没有形成水上立体的安全监控体系；沿岸搜救站点的建设还不完善，搜救力量还不适应当前水上交通运输的要求，与发达国家及一些非发达国家相比存在较大差距。

（5）缺乏对航海教育及海上安全管理执法队伍教育的扶持政策

航海教育不同于其他教育，其最大的特点是需要大范围、高强度的实践教学，而这就需要大量的投资。但我国的航海教育同其他教育相比，从生源、投资、管理等各方面都没有优惠政策，结果导致培训出来的船员实践能力缺乏。我国涉及航海类教育的高等院校只有4所，而菲律宾就有航海类院校55所。对执法人员的培训也不系统，基本上还处于上岗培训阶段。

（6）在应急与搜救方面，与发达国家存在明显的差距

在人命救助方面，我国仍沿用船舶搜救手段，以救助拖轮作为搜救行动的主力，甚至有时主要以附近过往船舶等作为主要搜救手段。

（7）在航道方面缺乏统一管理，没有综合开发利用水资源

交通部门虽然在改善航道方面做了大量工作，但是目前内河航道基础设施薄弱，航道等级低，航道建设与维护资金严重不足；通航河流闸坝碍航严重，在开发利用中未能充分体现水资源综合利用和有利于航运发展的原则。

从每年固定资产投资的比例上看，内河在基建投资结构中所占的比重仅仅为国家基建投资总额的0.42%，为交通系统投资总额的3.12%，是铁路的1/10、公路的1/40。

水利、水电部门在河流上拦河建坝，由于未建通航建筑物（如船闸）或所建通航建筑物规模小、标准低，这些严重阻碍了航运的发展；在通航河流上利用天然落差建水电站，使中枯水期河道内水量枯竭；调峰电站下游未建反调节水库，恶化了下游通航条件；水利、水电开发中，各枢纽间水位未能合理衔接。

3. 交通安全管理的发展趋势

从交通安全发展来看，交通安全管理主要有以下发展趋势。

（1）研发新型事故紧急救援系统

美国交通安全实践表明，缩短事故后时间有利于减少交通事故过程中人员的伤亡以及伤害程度。在这个意义上，交通事故发生后的半小时被称为"生命黄金半小时"，对挽救交通参与者的生命至关重要。

（2）加强新技术的运用和制定相配套的法规条例标准

安全带的使用对减少交通事故的伤亡程度有良好的保证作用，但国内车辆安全带的使用情况较差。行驶记录仪的使用，对规范驾驶员的安全行为，减少疲劳驾驶能起到较好的效果。国内建设的高速公路均布置有监控系统，但这些系统监而不控，或控制不力，没有最大限度地发挥监控系统的效能，为交通安全服务。其他有利于交通安全的技术装备包括驾驶员状态监测仪、路面凹凸曲度测试仪（RDT）、车辆导航系统、（动态）称重仪等。交通安全技术的提高，要求开展相应的"非现场执法"的研究，从立法的层面予以确认。

（3）建立"点—线—面"立体防治机制

根据对道路交通事故的诱因和机理的分析，为提高交通系统的安全性能，未来将加强对道路事故采取"点—线—面"立体控制的方法。鉴于事故多发点"不可移动性"的特点，对事故多发点实行"点控"。鉴于事故在道路路段上具有"移动性"的特点，开展道路路段的安全"线控"。鉴于交通事故的发生量与交通流量、车辆的混入率等交通状态有较大的关系，而交通量、混入率等交通状态参数与道路路网的 TRANBBS 规划设置具有较大的关联，因此应该开展针对道路路网的"面控"。通过"点—线—面"控制工程的实施，达到有效地降低道路交通事故，提高道路交通系统安全性能和通行能力的目的。

（4）理顺道路交通管理体制，成立统一的管理机构

道路交通是一个内涵十分丰富的范畴，它包括道路规划、建设、维护、运营；包括客货物运输（客流、物流）即车辆的组织配置、安全检测、环保措施；包括驾驶人员的培训、检验、考核、教育；包括配套法律、法规的制定、宣传、教育等。简而言之，包括道路规划、道路建设、路政管理、运政管理、稽征管理和交通安全管理等的方方面面。

（5）推行道路安全审计制度

研究表明，约 1/4 的交通事故是因"人"与"道路 / 环境"不协调引发的。道路安全审计是从预防交通事故、降低事故发生的可能性和严重性入手，对道路项目建设及运营的全过程，即规划、设计、施工和服务期进行全方位的安全审核，从而揭示道路发生交通事故的潜在危险因素及安全性能，是国际上近期兴起的以预防交通事故和提高道路交通安全为目的的一项新技术手段。道路安全审计是由公正独立、有资质的人员对涉及使用者的道路项目（已建或将建）进行的正式审查，以确定对道路使用者任何潜在的不安全特性或构成威胁的运营安排。其目标是：确定项目潜在的安全隐患；确保考虑了合适的安全对策；使安全隐患得以消除或以较低的代价降低其负面影响，

避免道路成为事故多发路段；保障道路项目在规划、设计、施工和运营各阶段都考虑了使用者的安全需求，从而保证现已运营或将建设的道路项目能为使用者提供最高实用标准的交通安全服务。

20世纪80年代末英国就率先开展了道路安全审计工作，澳大利亚、新西兰在20世纪90年代早期，加拿大、美国在20世纪90年代中后期都普遍推行了道路安全审计制度。目前，意大利、新加坡、马来西亚、南非、丹麦、荷兰等国家和中国香港等地区都开展了这项工作。

国外研究表明，道路安全审计可有效地预防交通事故，降低交通事故数量及其严重程度，减少道路开通后改建完善和运营管理费用，提升交通安全文化。

（6）加强全民交通安全教育，提高交通道德水平

与道路交通法律、法规不完善相应的是我国全民道路交通法治观念淡薄，不理解或不尊重道路交通运行规律和规章，违章行车行路，侵占交通设施，导致交通事故数逐年上扬，因而抓住交通活动中的主体——人的主观能动作用，是治理道路交通安全的关键。限于我国现阶段的经济条件和刚刚开始实施依法治国的方略，加强全民道路交通与交通安全的教育，规范全民交通行为，提高全社会交通道德水平，使之尽快适应现代化的快速交通运输系统，是一项长期的、任重道远的艰巨任务。

（7）加强交通安全设施的配套设置

我国的公路建设虽说近20年有了根本性的发展，但等级在二级以上的公路仅占全国公路里程的10.6%左右，如果说这些主要干线尤其是高速公路上的交通安全设施还较为齐全的话，其余低等级公路和等级外公路交通安全设施的配置情况就不尽如人意了，在危险路段上仅有一些简易的防护设施，大量的低等级公路上甚至连基本的交通标志和标线都没有。行车难、识路难、安全状况差是我国普通公路的一个缩影。交通安全设施的配置不论是量或质上与实际需求或与工业发达国家相比都有较大的差距。因而如何针对具体的道路情况，就需要从安全第一和预防为主的观点出发，加强道路交通安全设施的配套设置，提高交通安全设施的技术水平和设置水准，这些是积极改善道路交通安全状况的主要手段之一。

第三章 交通运输安全管理基本理论

第一节 事故致因理论

事故是一种可能给人类带来不幸后果的意外事件。那么，事故为什么会发生？怎样预防？在科学技术落后的过去，人们往往把事故的发生看作是人类无法违抗的"天意"，或是"命中注定"，而乞求神灵保佑。随着社会的进步，特别是工业革命以后，人们在与各种伤害事故的斗争实践中不断积累经验，探索伤亡事故发生及预防的规律，相继提出了许多阐明事故为什么会发生，事故怎样发生，以及如何防止事故发生的理论。这些理论被称作事故致因理论，是指导交通运输安全工作的基本理论。

事故致因理论是用来阐明事故的成因、始末和事故后果，以便对事故现象的发生、发展进行明确的分析。交通事故致因理论是交通运输发展到一定水平的产物。在交通运输发展的不同阶段，运输过程中面临的安全问题也不同，特别是随着交通运输形势的变化，人在运输过程中所处地位的变化，伤害程度的增加，引起人们安全观念的变化，使新的事故致因理论相继出现。

事故致因理论，是从最早的单因素理论发展到不断增多的复杂因素系统理论。早在1919年格林伍德和1926年纽伯尔德，他们都曾认为事故在人群中并非随机地分布，某些人比其他人更易发生事故，因此，就用某种方法将有事故倾向的工人与其他人区别开来。这种理论的缺点是过分夸大了人的性格特点在事故中的作用，而且不能解释为何在同等危险暴露的情况下，人们受伤害的概率并非都不相等。

1939年法默和凯姆伯斯又提出：一个有事故倾向的人具有较高的事故率，而与工作任务、生活环境和经历等因素无关。1951年阿布斯和克利克的研究指出，个别人的事故率具有明显的不稳定性，对具有事故倾向的个性类型的量度界限也难于测定。广泛的批评使这一具有事故倾向的素质论，被排出事故致因理论的系统。1971年邵合赛克尔主张将事故倾向素质论仅供工种考选参考。他只着意于多发事故，而丝毫无意涉及人的个性。淘汰"多发事故人"是受泰勒的科学管理理论的影响。

1936 年，海因里希提出了应用多米诺骨牌原理研究人身受到伤害的五个过程，即伤亡事故致因五因素。

1953 年，巴尔将上述骨牌原理发展为"事件链"理论，认为事故的前级诸致因因素是一系列事件的链锁，一环生一环，一环套一环。链的末端是事件后果——事故和损失。

1961 年，美国的沃森提出了以逻缉分析中的演绎分析法和逻缉电路的逻缉门形式绘制事故模型。

由于火箭技术发展的需要，系统安全工程应运而生。美国在 1962 年 4 月首次公开了"空军弹道导弹系统安全工程"的说明书。1965 年，Kolodner 在安全性定量化的论文中在沃森的基础上系统地介绍了故障树分析（FTA）；同年 Recht 也介绍了 PTA 和 FM&E（故障类型和影响分析）。这些系统安全分析方法，实质上是事件链理论的发展。1970 年 Driessen 明确地将事件链理论发展为分支事件过程逻缉理论。FTA 等树枝图形，实质上是分支事件过程的解析。

在 1961 年由 Gibmn 提出的，并在 1966 年由 Haddon 完善的"能量转移论"，指出了人体受到伤害，只是能量转移的结果，从而明确了事故致因的本质是能量逆流于人体。

1969 年瑟利提出了 S—O—R 人因素模型，该模型包括两组问题（危险构成和显现危险），每组又分别包括三类心理—生理成分，即对事件的感知、刺激（S）；对事件的理解、响应和认识（O）；生理行为、响应或举动（R）。这是系统理论的人为因素致因模型。

1978 年安德森又对瑟利模型进行了修正。

1972 年毕纳提出了起因于"扰动"而促成事故的理论，即 P 理论，进而提出"多重线性事件过程图解法扰动起源论把事故看成是相继发生的事件过程，以破坏自动调节的动态平衡——"扰动"为起源事件，以伤害或损坏而告终（终了事件）。该理论指出系统运行中出现了状态失衡而产生扰动，当扰动失控就造成事故。在发生事故前改善环境条件，使之自动动态平衡，砍断向事故后果发展的链条，即可防止事故发生。

1972 年威格勒沃茨提出了以人失误为主因的事故模型（人因事故模型）主要以人的行为失误构成伤害为基础，指出人如果"错误地或不适当地响应刺激"就会发生失误，从而可能导致事故发生。

1974 年劳汶斯根据上述理论提出了能适用于自然条件复杂的、连续作业情况下的"矿山以人失误为主因的事故模型"。

1975 年约翰逊从管理角度出发提出了管理失误和危险树，把事故致因重点放在管理缺陷上，指出造成伤亡事故的本质原因是管理失误。

许多学者较一致地认为，事故的直接原因不外乎人的不安全行为（或失误）和物的不安全状态（或故障）两大因素作用的结果。即人与物两系统运动轨迹的交叉点就是发生事故的"时空"。"轨迹交叉论"应运而生。

时至今日，在事故致因理论上的综合研究方兴未艾。事故是多种因素综合造成的，是社会因素、管理因素和生产中危险因素被偶然事件触发而形成伤亡和损失的不幸事件。事故致因的本质是基础原因。"综合论"是在我国较为受重视的事故致因理论。到目前为止，人们已提出了十多种事故致因理论，这里主要介绍其中常用的几种。

一、事故因果连锁论

伤害事故的发生不是一个孤立的事件，尽管伤害可能发生在某个瞬间，但是一系列互为因果的原因事件相继发生的结果。因此，人们也经常用事故因果连锁的形式来表达某种事故致因理论。按照事故因果连锁论，事故的发生、发展过程可以描述为：基本原因—间接原因—直接原因—事故—伤害。

建筑的装饰及文化表达研究——人的因素运动轨迹。

人的不安全行为基于生理、心理、环境、行为几个方面而产生：

（1）生理、先天身心缺陷；

（2）社会环境、企业管理上的缺陷；

（3）后天的心理缺陷；

（4）视、听、嗅、味、触等感官能量分配上的差异；

（5）行为失误。

在物的因素运动轨迹中，在生产过程各阶段都可能产生不安全状态：

（1）设计上的缺陷，如用材不当、强度计算错误、结构完整性差、采矿方法不适应矿床围岩性质等；

（2）制造、工艺流程上的缺陷；

（3）维修保养上的缺陷，降低了可靠性；

（4）使用上的缺陷；

（5）作业场所环境上的缺陷。

在生产过程中，人的因素运动轨迹按其（1）→（2）→（3）→（4）→（5）的方向顺序进行，物的因素运动轨迹按其（1）→（2）→（3）→（4）→（5）的方向进行。人、物两轨迹相交的时间与地点，就是发生伤亡事故"时空"，也就导致了事故的发生。

值得注意的是，许多情况下人与物又互为因果。例如，有时物的不安全状态诱发了人的不安全行为，而人的不安全行为又促进了物的不安全状态的发展或导致新的不安全状态出现。因而，实际的事故并非简单地按照上述的人、物两条轨迹进行，而是呈现非常复杂的因果关系。

若设法排除机械设备或处理危险物质过程中的隐患或者消除人为失误和不安全行为，使两事件链连锁中断，则两系列运动轨迹不能相交，危险就不能出现，则就可避免事故发生。

对人的因素而言，强调工种考核，加强安全教育和技术培训，进行科学的安全管理，从生理、心理和操作管理上控制人的不安全行为的产生，就等于砍断了事故产生的人的因素轨迹。但是，对自由度很大且身心性格气质差异较大的人是难以控制的，偶然失误很难避免。

在多数情况下，由于企业管理不善，使工人缺乏教育和训练或者机械设备缺乏维护检修以及安全装置不完备，导致了人的不安全行为或物的不安全状态。

轨迹交叉理论突出强调的是砍断物的事件链，提倡采用可靠性高、结构完整性强的系统和设备，大力推广保险系统、防护系统和信号系统及高度自动化和遥控装置。这样，即使人为失误，构成人的因素（1）→（5）系列，也会因安全闭锁等可靠性高的安全系统的作用，控制住物的因素（1）→（5）系列的发展，可完全避免伤亡事故的发生。

一些领导和管理人员总是错误地把一切伤亡事故归咎于操作人员"违章作业"；实际上，人的不安全行为也是由于教育培训不足等管理欠缺造成的。管理的重点应放在控制物的不安全状态上，即消除"起因物"，当然就不会出现"施害物"，"砍断物"的因素运动轨迹，使人与物的轨迹不相交叉，事故即可避免。

实践证明，消除生产作业中物的不安全状态，可以大幅地减少伤亡事故的发生概念。

1. 海因里希因果连锁论

海因里希先提出了事故因果连锁论，用以阐明导致伤亡事故的各种原因及与事故间的关系。该理论认为，伤亡事故的发生不是一个孤立的事件，尽管伤害可能在某瞬间突然发生，但却是一系列事件相继发生的结果。

海因里希把工业伤害事故的发生、发展过程描述为具有一定因果关系的事件的连锁发生过程，即为以下几点。

（1）人员伤亡的发生是事故的结果。

（2）事故的发生是由于：①人的不安全行为；②物的不安全状态。

（3）人的不安全行为或物的不安全状态是由于人的缺点造成的。

（4）人的缺点是由于不良环境诱发的，或者是由先天的遗传因素造成的。

海因里希最初提出的事故因果连锁过程包括如下五个因素。

（1）遗传及社会环境：遗传因素及环境是造成人的性格上的缺点的原因，遗传因素可能造成鲁莽、固执等不良性格；社会环境可能妨碍教育、助长性格上的缺点发展。

（2）人的缺点：人的缺点是使人产生不安全行为或造成机械、物质不安全状态的原因，它包括鲁莽、固执、过激、神经质、轻率等性格上的先天缺点，以及缺乏安全生产知识和技能等后天缺点。

（3）人的不安全行为或物的不安全状态：所谓人的不安全行为或物的不安全状态是指那些曾经引起过事故，或可能引起事故的人的行为，或机械、物质的状态，它们是造成事故的直接原因。例如，在起重机的吊荷下停留、不发信号就启动机器、工作时间打闹或拆除安全防护装置等都属于人的不安全行为；没有防护的传动齿轮、裸露的带电体或照明不良等属于物的不安全状态。

（4）事故：事故是由于物体、物质、人或放射线的作用或反作用，使人员受到伤害或可能受到伤害的、出乎意料之外的、失去控制的事件。碰撞、物体打击等使人员受到伤害的事件是典型的事故。

（5）伤害：直接由于事故而产生的人身伤害。

海因里希用多米诺骨牌来形象地描述这种事故因果连锁关系，在多米诺骨牌系列中，一张骨牌被碰倒了，则将发生连锁反应，其余的几张骨牌相继被碰倒。如果移去连锁中的一张骨牌，则连锁被破坏，事故过程被中止。海因里希认为，安全管理工作的中心就是防止人的不安全行为，消除机械的或装备的不安全状态，中断事故连锁的进程而避免事故的发生。

2. 事故因果论

事故具有随机性，构成系统的多个因素之间存在相互依存、相互促进或制约的关系，其中之一就是因果关系。因果关系有继承性，即前一过程的结果往往是引发后一过程的原因。

例如某一事故的发生，最初是由于发生了事件 N1，这是"因"，然后导致了事件 N2，这便是"果"。N2 包含着 N1，它又作为"因"引发了下一过程及结果 N3。如此传递下去，导致了最后的"果"——该事故及其损失。

属于这种因果论的事故模型有线性多因素连锁型，非线性多因素连锁型，线性—非线性复合型，海因里希的多米诺骨牌理论，等等，其中，日本的北川彻三等人将此理论归纳到了日本的《安全工学便览》中，北川彻三的模型基于这样的事实和认识，即事故和事故是否造成损失与损失大小是偶然的，而事故的发生则必有原因，这是必然性。这些原因可以分为直接原因与间接原因，从间接原因到损失构成了一个反映因果关系的事故链。

损失←事故（交通事故）←一次原因（直接原因）←二次原因（间接原因）←基础原因（间接原因）。

造成事故的直接原因也叫一次原因，它出现在事故的当时和现场，包括人的原因即人的不安全行为（失误或误操作）和物的原因即物的不安全状态（机械设备的缺陷、故障、失效和环境的不良条件）。这两者是间接原因造成的结果。

间接原因又可以区分为两个层次，即二次原因和基础（三次）原因。其中包括以下几点。

（1）技术原因，是指运输工具出现故障、交通设施存在缺陷、警示标志不合理等。

（2）教育的原因，是指对相关人员的安全培训不够，从而造成了他们缺乏与自己的岗位、职责相适应的必要安全意识、安全知识、安全技能、安全经验、安全作风、应变能力等安全素质。

（3）身体的原因，是指参与者身体缺陷（如近视、耳聋），身体不适（如生病、醉酒、疲劳）。

（4）精神的原因，是指人的精神状态不佳、性格缺陷等，如不满、懈怠、急躁、害怕、不和、愚钝。

（5）管理的原因，是指包括决策者在内的各级管理人员的安全责任心不强，规章制度不明确、不健全，维护保养、监督检查不力，人事与劳动纪律组织管理缺陷等。

（6）学校教育的原因，是指教育部门对从小学、中学到大学的成长过程中应贯穿的安全教育重视、实施得不够。

（7）社会、历史的原因，是指政府部门、群众团体、整个社会的力量对产业发展和公共安全宣传教育不够，缺乏应有的安全文化氛围的熏陶。

上述（1）～（4）属二次原因，（5）～（7）属基础原因。但生产实践和理论分析都表明，其中的技术（或工程）原因、教育原因、管理原因作为平时的安全对策来讲是最重要的，从而技术（工程）对策、教育对策和管理对策（所谓"3E"对策）被视为是防止事故灾害的"三大支柱"。后来随着环境问题的突出和范围的扩大，又有学者提出了"4E""5E"对策。从事故致因理论可以得到以下几点重要的启示。

（1）为了防止事故灾害的发生，解决好任一个环节，都可以得到较好的效果。

（2）为建立预防事故灾害的四大原则提供了依据。这就是预防可能的原则、损失偶然的原则、原因继起的原则和选定对策的原则。

（3）基于因果论，对一个系统进行安全分析和评价时，就产生了两种重要而有效的逻辑方法。即演绎法，据结果推理原因，如故障树分析（FTA）；归纳法，据原因推论结果，如事件树分析（ETA）。

3. 管理失误论

（1）博德的事故因果连锁论

博德在海因里希事故因果连锁论的基础上，提出了反映现代安全观点的事故因果与事故因果连锁理论。

①控制不足——管理

事故因果连锁论中一个最重要的因素是安全管理。安全管理人员应该充分理解，他们的工作要以得到广泛承认的管理原则为基础，即安全管理者应该懂得管理的基本理论和原则。控制是管理职能（计划、组织、指导、协调及控制）中的一个重要部分。安全管理中的控制是指损失控制，包括对人的不安全行为、物的不安全状态的控制，是安全管理工作的核心。

在大多数交通运输系统中，由于种种原因，完全依靠改进工程技术来预防交通事故既不经济，也不现实。只有通过专门的安全管理工作，加上较长期的努力，才能防止事故的发生。管理者必须认识到，只要环境条件没有实现高度安全化，就有发生事故及伤害的可能性，因而在安全活动中必须包含有针对事故因果连锁论中所有因素的控制对策。

在安全管理中，交通运输系统决策者的安全方针、政策及决策占有十分重要的位置。它包括安全目标，职员的配备，材料的利用，责任及职权范围的划分，职工的选择、训练、安排、指导及监督，信息传递方法，设备、工具及装置的采购、维修及设计，正常及异常时的操作规程以及设备的维修保养等。

安全管理系统是随着安全需求的发展而不断变化、完善的，十全十美的安全管理系统并不存在。管理上的缺陷导致事故基本原因的出现。

②基本原因——起源论

为了从根本上预防事故，必须查明事故的基本原因，并针对查明的基本原因采取对策。

基本原因包括人的原因及与操作有关的原因。人的原因包括缺乏知识或技能、动机不正确、身体上或精神上的问题。操作方面的原因包括规程不合适，装备设计不合理，通常的磨损及异常的使用方法等，以及温度、压力、湿度、粉尘、有毒有害气体、通风、噪声、照明、周围的状况（容易滑倒的地面、障碍物、不可靠的线路、有危险的物体）等环境因素。只有找出这些基本原因才能有效地控制事故的发生。

所谓起源论，或称原因学，是在于找出问题的基本的、背后的原因，而不仅仅停留在表面的现象上。只有这样，才能实现有效的控制。

③直接原因——征兆

不安全行为或不安全状态是事故的直接原因。这是最重要的、必须加以追究的原因。

实际上，直接原因只不过是像基本原因那样的深层原因的征兆，是一种表面现象。在实际工作中，如果只抓住作为表面现象的直接原因而不追究其背后隐藏的深层原因，那么就永远不能从根本上杜绝事故的发生。此外，安全管理人员应该能够预测及发现这些作为管理缺陷的征兆的直接原因，及时采取恰当的改善措施。同时，要在经济上可能及实际可能的情况下采取长期的控制对策，努力找出其基本原因。

④事故——接触

从实用的目的出发，往往把事故定义为最终导致人员身体损伤、死亡、财物损失的不希望的事件。但是，越来越多的安全专业人员把事故看作是人的身体、设备与超过其阈值的能量的接触，或人体与妨碍正常生理活动的物质的接触。于是，防止事故就是防止接触，可以通过改进装置及设施防止能量释放，通过训练提高驾驶员识别危险的能力、配备个人保护装置来实现。

⑤伤害——损坏（损失）

博德模型中的伤害，包括了工伤、职业病，以及对人员精神方面、神经方面或全身性的不利影响。人员伤害及财物损坏统称为损失。许多情况下，可以采取恰当的措施使事故造成的损失最大限度地减少。如对受伤人员的迅速抢救，对设备进行抢修以及平日进行应急训练等。

（2）亚当斯的事故因果连锁论

亚当斯提出了与博德的事故因果连锁论类似的事故因果连锁模型。

这里把事故的直接原因、人的不安全行为及物的不安全状态，称作现场失误。本来，不安全行为和不安全状态是操作者在操作过程中的错误行为及运输生产条件方面的问题。采用"现场失误"这一术语，主要目的在于提醒人们注意不安全行为及不安全状态的性质。

该理论的核心在于对现场失误的背后原因进行深入的研究。操作者的不安全行为及操作作业中的不安全状态等现场失误，是由于安全工作人员的失误造成的。管理人员在管理中的差错或疏忽，决策人决策错误或没有做出决策等失误，对安全工作具有决定性的影响。管理失误反映管理系统中的问题。它涉及管理体制，即如何有组织地进行管理工作，确定怎样的管理目标，如何制订计划实现确定的目标等方面的问题。管理体制反映作为决策中心的领导人的信念、目标及规范，它决定各级管理人员安排工作的轻重缓急、工作基准及指导方针等重大问题。

4. 轨迹交叉论

一个生产系统一般是由人、机、物构成的，它们共处于一种环境中。轨迹交叉的事故致因理论认为，该系统内事故的发生是由于人的不安全行为与物（机或环境）的不安全状态在同一时空相遇（或逆流能量轨迹交叉）所造成的，有时环境也是造成人的不安全行为与物（机或环境）的不安全状态及它们相遇的条件。

这种理论基于这样的事实，即人、机、环境各自的不安全（危险）因素的存在，并不立即或直接造成事故，而是需要其他不安全因素的激发。事故统计分析表明，此种理论是正确的。据美国的相关统计，75000件伤亡事故中天灾占 2%，可预防的人为灾害占 98%。其中与人的不安全行为无关的只占 12%。日本 1997 年对停工四天以上的 104638 件事故的统计分析结果是：无人的不安全行为的占 5.5%，无物的不安全状态的占 16.5%，绝大部分都是两者同时作用的结果。

根据轨迹交叉论的观点，消除人的不安全行为可以避免事故发生。但应该注意到，人与机械设备不同，机器在人们规定的约束条件下运转，自由度较少；而人的行为受各自思想的支配，有较大的行为自由性。这种行为自由性一方面使人具有安全生产的能动性，另一方面也可能使人的行为偏离预定的目标，发生不安全行为。由于人的行为受到许多因素的影响，所以控制人的行为是件十分困难的工作。

消除物的不安全状态也可以避免事故发生。通过改进生产工艺，设置有效安全防护装置，消除系统中的危险条件，使即使人员产生了不安全行为也不致酿成事故。在安全工程中，把机械设备、物理环境等生产条件的安全称作本质安全，在所有的安全措施中首先应该考虑的就是实现生产过程、生产条件的本质安全。但是，受实际的技术、经济条件等客观条件的限制，完全地杜绝生产过程中的危险因素几乎是不可能的，只能努力减少、控制不安全因素，使事故不容易发生。

为了有效地防止事故发生，必须同时采取措施消除人的不安全行为和物的不安全状态。

二、事故频发倾向论

1.事故频发倾向、事故遭遇倾向

事故频发倾向是指个别人容易发生事故的、个人的内在倾向。

1919 年，格林伍德和伍兹对大量伤害事故发生次数的资料按如下三种统计分布进行了统计检验。

（1）泊松分布

当人员发生事故的概率不存在个体差异时，即不存在事故频发倾向者时，一定时间内事故发生次数服从泊松分布。在这种情况下，事故的发生是由生产环境、机械设备方面的问题，以及一些其他偶然因素引起的。

（2）偏倚分布

一些人由于存在着精神或心理方面的障碍，如在操作过程中发生过一次事故，则会造成胆怯或神经过敏，当再继续操作时，就有重复发生第二次、第三次事故的倾向。造成这种统计分布的是人员中存在少数有精神或心理缺陷的人。

（3）非均等分布

当企业中存在许多特别容易发生事故的人时，引发不同次数事故的人数服从非均等分布，即每个人发生事故的概率不相同。在这种情况下，事故的发生主要是由于人的因素引起的。

为了检验事故频发倾向的稳定性，格林伍德和伍兹还计算了被调查企业中同一个人在前三个月里和后三个月里发生事故次数的相关系数，调查结果发现，存在着事故频发倾向者，并且前、后三个月事故次数的相关系数变化在 0.37 ± 0.12 到 0.72 ± 0.07 之间，皆为正相关。

1926 年，纽鲍尔德研究大量工厂中事故发生次数分布，证明事故发生次数服从发生概率极小，且每个人发生事故概率不等的统计分布。他计算了一些工厂中前五个月和后五个月里事故次数的相关系数，其结果为 $0.04 \pm 0.09 \sim 0.71 \pm 0.06$。之后，马勃跟踪调查了一个有 3000 人的工厂，结果发现，第一年里没有发生事故的工人在以后几年里平均每年发生 $0.30 \sim 0.60$ 次事故；第一年里发生过一次事故的工人在以后几年里平均每年发生 0.86~1.7 次事故；第一年里出过两次事故的工人在以后几年里平均每年发生 1.04~1.42 次事故，这些都充分证明了存在着事故频发倾向者。

1939 年，法默和查姆勃明确提出了事故频发倾向的概念，认为事故频发倾向者的存在是工业事故发生的主要原因。

根据事故发生次数是否符合非均等分布，可以判断企业中是否存在事故频发倾向者。

对于发生事故次数较多、可能是事故频发倾向者的人，可以通过一系列的心理学测试来判别。例如，日本曾采用内田—克雷佩林心理测验测试人员大脑工作状态曲线，采用 YG 测验测试工人的性格来判别事故频发倾向者。另外，也可以通过对日常工人行为的观察来发现事故频发倾向者。一般来说，具有事故频发倾向的人在进行生产操作时往往精神动摇，注意力不能经常集中在操作上，因而不能适应迅速变化的外界条件。

事故频发倾向者往往有如下的性格特征：

（1）感情冲动，容易兴奋；

（2）脾气暴躁；

（3）厌倦工作、没有耐心；

（4）慌慌张张、不沉着；

（5）动作生硬而工作效率低；

（6）喜怒无常、感情多变；

（7）理解能力低，判断和思考能力差；

（8）极度喜悦和悲伤；

（9）缺乏自制力；

（10）处理问题轻率、冒失；

（11）运动神经迟钝，动作不灵活。

事故遭遇倾向是指某些人在某些生产作业条件下容易发生事故的倾向。

许多研究结果表明，前后不同时期里事故发生次数的相关系数与作业条件有关。

明兹和布鲁姆建议用事故遭遇倾向取代事故频发倾向的概念，认为事故的发生不仅与个人因素有关，而且与生产条件有关。根据这一见解，克尔调查了 53 个电子工厂中 40 项个人因素及生产作业条件因素与事故发生频度和伤害严重度之间的关系，发现影响事故发生频度的主要因素首先有搬运距离短、噪声严重、临时工多、工人自觉性差等；与事故后果严重度有关的主要因素是工人的"男子汉"作风，其次是缺乏自觉性、缺乏指导、老年职工多、不连续出勤等，这些因素证明事故发生情况与生产作业条件有着密切关系。

2. 关于事故频发倾向理论的争议

自格林伍德的研究起，迄今有无数研究者对事故频发倾向理论的科学性进行了专门的研究，关于事故频发倾向者存在与否的问题一直有争议。事故遭遇倾向理论就是事故频发倾向理论的修正。许多研究结果证明，事故频发倾向者并不存在。

当每个人发生事故的概率相等且概率极小时，一定时期内发生事故次数服从泊松分布。根据泊松分布，大部分工人不发生事故，少数工人只发生一次，只有极少数工人发生二次以上事故。大量的事故统计资料是服从泊松分布的。例如，莫尔等人研究了海上石油钻井工人连续两年时间内伤害事故情况，得到了受伤次数多的工人数没有超出泊松分布范围的结论。

许多研究结果表明，某一段时间里发生事故次数多的人，在以后的时间里往往发生事故次数不再多了，并非永远是事故频发倾向者。通过数十年的实验及临床研究，很难找出事故频发者的稳定的个人特征。换言之，许多人发生事故是由于他们行为的某种瞬时特征引起的。

根据事故频发倾向理论，防止事故的重要措施是人员选择。但是许多研究表明，把事故发生次数多的工人调离后，企业的事故发生率并没有降低。例如，韦勒对司机的调查，伯纳基对铁路调车员的调查，都证实了调离或解雇发生事故多的工人，并没有减少伤亡事故发生率。

其实，工业生产中的许多操作对操作者的素质都有一定的要求，或者说，人员有一定的职业适合性。当人员的素质不符合生产操作要求时，人在生产操作中就会发生失误或不安全行为，从而导致事故发生。危险性较高的、重要的操作，特别要求人的素质较高。例如，特种作业的场合，操作者要经过专门的培训、严格的考核，获得特种作业资格后才能从事该工作岗位。因此，尽管事故频发倾向论把事故的原因归因于少数事故频发倾向者的观点有较大的局限性，然而从职业适合性的角度来看，关于事故频发倾向的认识也有一定可取之处。

三、危险源理论

1. 危险源

所谓危险源，广义上讲是指具有潜在物质与能量的危险性物质，包括有可能对人身、财产、环境造成危害的设备、设施或场所。具有危险性的物质，通常可以用联合国建议的九大类来概括。在交通运输中，高峰期间车流量大的地方、超载的运输工具、酒后驾驶员等都是危险源。

2. 事故原点

可能造成事故灾害的装置、设施或场所是危险源，但一旦发生了事故，它并不就是事故原点。事故原点只是该危险源中事故的原引发点或起始位置。它的显著特征有以下三点：

（1）具有发生事故的初始起点性；

（2）具有由危险（隐患）到事故的突变性；

（3）是在事故形成过程中与事故后果有直接因果关系的点。

这三个特征被认为是分析、判定事故原点的充分必要条件。应注意的是，确定事故原点虽是查找事故原因的首要一环，但它并不就是事故原因，在一个单元事故中只能有一个事故原点，但事故原因可能有多个。

掌握事故原点是对发生的事故进行科学调查、分析的基础，也是进行危险性评价、事故预测和采取相应安全对策所必需的。因此对那些可能成为事故原点的地方，必须重点予以评价和防范。

比如发生了汽车燃烧，特别是爆炸事故以后，由于当事人可能受到了严重伤亡，现场也遭受破坏，往往不易直接确定事故原点，这时就需要间接地进行推定，推定方法通常有以下三种。

（1）定义法。即根据事故原点的定义，运用它的三个特征找出原点。此法用于简单的事故分析较为有效。

（2）逻辑推理法。事故原点虽不是事故原因，但事故致因理论中的逻缉分析方法对于寻找事故原点仍是有用的。即沿着事故因果链进行逻辑推理，并设法取得可能的实证。如人、机受损情况，抛掷物飞散方向，残渣残片、炸坑表象等。通过进行综合分析、推理，使事故的形成、发展过程逐渐显现出来。此法用于火灾、爆炸等一类破坏性大的、复杂的事故调查分析较为有效。

（3）技术鉴定法。即收集、利用事故现场事故前原有和事故后留下的各种实证材料，配合一定的理化分析和模拟验证试验，以"再现"事故发生、发展情景。此法适用于重大事故调查分析。

四、能量转移论

向生产系统中输入的工作介质（物质流、能量流、信息流等统称为流通质）在系统内的传递、作用、变化过程是相互依赖的，能量使机器工作、物质变化，人驱动能量便扩大了自身能量系统的能力。正常情况下，输入的物质（原材料）在能量作用（能量做有用功）、信息的控制下变为所需要的产品，但如果能量推动控制而作用于人或机器设备，就要造成人员伤亡或机械设备的损坏，这就发生了事故灾害。

所以，在关于"为什么会发生事故""事故发生经历怎样的过程"的所谓事故致因理论的研究中便提出了"能量转移论"这就是约翰逊关于事故的定义。他认为，事故是造成人员伤亡、财产损失或延缓工作进程的最不希望的能量转移。也可说成是"失控的能量释放或转移""能量的逆流（于人体或设备）或逸散"。总之，中心问题是能量。对安全问题的认识和管理，除人外就是对能量的认识和管理。

此种理论对于揭示事故的致因是非常本质、深刻和重要的。危险性最根本的是"物"，特别是物质的危险性。而物总是和"能量"联系在一起的。能量既是物质存在的一种形式，又是物质运动和变化的原因或结果。所以从安全角度考虑，具有潜在危险性的"物"，在一定意义上是一种"能量危险性"。处于高处的重物和压缩状态的气体具有大的势能；高速运动的交通工具具有大的动能；火焰与高温物体具有大的热能；炸药之类的含能材料及有机过氧化物等自反应性化学物质具有较高的化学能；等等。

依据这种理论，还可以进一步分析、认识和解决以下三个问题。

（1）安全科学技术在现代社会中的施要性

众所周知，人类文明社会的发展、进步是从对能量（火）的发明与应用开始的，又是随着各种新能源、新能量转化方法的发明、应用及深化、推广而突飞猛进的。因此，人们常用对能量的占有和消费量来衡量人类社会文明程度和一个国家的生产、生活发展水平。在这些能量消费于生产、生活的过程中，因为这样那样的原因总是伴随事故灾害这种"反作用"的发生。它们之间有着什么关系吗？日本的熊野阳平在1986年就注意到这个问题，他提出了火灾致死人数同能量消费之间有着很大的相关性的看法；高桥浩一朗等到了1988年在对日本长期积累了大量数据统计分析基础上，进而提出了火灾事故起数及其损失随能量消费增加而增加的论点（1932年关东大地震及1945年遭原子弹空袭等几种特殊情况出现高峰除外）。这就表明能量确实存在着巨大的潜在危险性，人们努力投入大量能量以提高生活水平的同时，也必须相应地加强安全科学技术的研究与应用，这样才能保证持续健康的发展。

近些年我国经济大发展的同时，不仅工业产业事故大量增加，而且第三产业（商业等服务行业），甚至人们生活中的火灾、爆炸事故、交通事故等也显著增多，以致生产领域事故死亡人数与非生产领域事故死亡人数之比达 19：81。这些都同能量（包括作为能源材料的可燃物）大量的使用消费而又缺乏必要的安全科技知识与安全控制措施不无关系。我国在"关于编研《21 世纪国家安全文化建设纲要》的建议"中，第一条就是"树立跨世纪的大安全观"，即要把生产安全领域扩展到生活（衣食住行）、生存（环境）安全领域。

（2）安全评价着眼点

通常所说的安全评价也可以说成危险性评价与事故预测。以对最常见也是危害最大的具有火灾爆炸危险性的物质评价为例，着眼点就是看其能量性能。其所含化学潜能一旦失去控制地释放，就成了导致事故灾害的危险性能量，其危险性大小可以通过释放的容易性、释放的速度（激烈性）和释放的多少来描述。其中容易性反映了能量意外释放发生事故的概率，激烈性和能量多少反映了事故严重程度。由此可以按"危险度 = 事故概率 × 事故严重度"的关系式来定量估算危险性。

（3）如何考虑安全对策

根据上述的由于能量转移或逸散所造成的致因理论，哈登提出了"防止能量的聚焦；防止或限制危险能量的释放；使危险能量与人及敏感设备在时空上脱离；设置阻隔断或减弱危险能量的屏障；提高人、物受伤害的阈值（如借助于护具）"等安全对策，这无论是在原则上还是在可操作性上都具有明确的指导意义。

五、安全系统理论

安全系统理论是由瑟利在 1969 年提出的一种事故致因理论，所以也叫瑟利模型。后来又经安德森等人加以补充改进而成瑟利—安德森模型。它是把人、环境组成的一个系统整体归化为人（主体）与环境（客体）两个方面。人包括操作者与指挥（管理）者作为生产系统的主体，主要看人的三个心理学成分——对事件的感知（S）、对事件的理解（O）、对事件的响应（R）。环境作为生产系统中人以外的客体，主要看它的变动性、表象性、可控性。把此系统中一个事故的发生分为危险的形成（迫近）与其演变为事故而致伤害或损坏两个过程。事故是否发生，取决于人与环境的相互匹配和适应情况。

在危险形成或迫近的第一个以及演变为事故的第二个过程中，如果人都能正确回答所提出的问题，危险就向消亡或得以控制的方向发展；如果对所提出的问题作出了错误（否定）的回答，危险就会向迫近的方向发展，以致发展为致伤、致损的事故。

人对环境（含机、物）的观察、认识与理解的程度和运行中的环境是否提供了足够的时间与空间，以适应人的应变素质情况。如果人的回答肯定，则系统可能保证安全；否则必须对系统做适当修改，以适应人的容许行为变异的预期范围。

此模型表明，为了防止事故，首要且关键的在于发现和识别危险，而这同人的感知能力、知识技能有关，也同作业环境条件有关。在处理危险的可接受性时，虽然总体上安全与生产是一致的，但在特定时候、特定条件下也会发生暂时的矛盾。如果危险已达紧迫，即使牺牲生产也必须立即采取行动，以保证安全。相反，如果危险离紧迫尚远，在做出恰当估计的条件下还来得及采取其他措施时，就能做到既排除危险、保证安全，又不耽误生产。

六、变化观点的事故因果连锁论

约翰逊很早就注意了变化在事故发生、发展过程中的作用。他把事故定义为一起不希望的或意外的能量释放；其发生是由于管理者的计划错误或操作者的行为失误。没有适应操作过程中物的因素或人的因素的变化，从而导致了人的不安全行为或物的不安全状态，破坏了对能量的屏蔽或控制，在操作过程中造成危险，中断或影响正常的交通进行，甚至造成人员伤亡或财产损失。

该模型把变化作为事故的基本原因。由于人们不能适应变化而发生失误，进而导致不安全行为或不安全状态。

在交通系统安全管理研究中，人们注重作为事故致因的人失误和物的故障，按照变化的观点，人失误和物的故障都与变化有关。例如，新的载运装备经过长时间的运转，即时间的变化，逐渐磨损而发生故障；正常运转的装备由于环境条件突然变化而发生故障等。

约翰逊的事故因果连锁论在安全管理工作中，变化被看作是一种潜在的事故致因，应该被尽早地发现并采取相应的措施。作为安全管理人员，应该注意下述的一些变化。

（1）社会环境的变化及管理部门的变化

社会环境，特别是国家政治、经济方针、政策的变化，对管理部门内部的经营管理及人员有巨大影响，必须采取恰当的措施以适应这些变化。

（2）交通环境的变化

交通环境的变化是指载运工具运行环境的变化，如气候条件发生变化，车辆在高速公路上的通行状况必须随之变化。

（3）计划内与计划外的变化

对于有计划进行的变化，应事先进行危害分析并采取安全措施；对于没有考虑到的变化，首先是发现变化，其次根据发现的变化采取改善措施。

（4）实际的变化和潜在的或可能的变化

通过观测和检查可以发现实际存在的变化。发现潜在的或可能出现的变化则要经过分析研究。

（5）时间的变化

随着时间的流逝，性能低下或劣化，并与其他方面的变化相互作用。

（6）技术上的变化

采用新工艺、新技术或开始新的交通工程项目，人们不熟悉而发生失误。

（7）人员的变化

人员的各方面变化影响人的工作能力，引起操作失误及不安全行为。

（8）劳动组织的变化

劳动组织方面的变化，交接班不好造成工作的不衔接，进而导致不安全行为。

（9）操作规程的变化

应该注意，并非所有的变化都是有害的，关键在于人们是否能够适应客观情况的变化。另外，在安全工作中也经常利用变化来防止发生人的失误。例如，按规定用不同颜色的管路输送不同的气体，把操作手柄、按钮做成不同形状防止混淆等。

应用变化的观点进行事故分析时，可由下列因素的现在状态、以前状态的差异来发现变化：①防护装置、能量等；②人员；③任务、目标、程序等；④工作条件、环境、时间安排等；⑤管理工作、监督检查等。

第二节 可靠性理论

为了分析由于机械零件的故障或由于人的差错而使设备或系统丧失原有功能或功能下降的原因，产生了可靠性理论。故障和差错不仅使设备或系统功能下降，而且往往还是意外事故和灾害发生的原因。因此，可靠性在安全系统工程中占有重要的地位，关乎着整个系统运行过程中的可靠性和安全性。

可靠性理论的基本原理是运用概率统计和运筹学理论和方法对产品（单元或系统）

的可靠性作定量研究。可靠性是指产品(或系统)在一定条件下完成其预定功能的能力，丧失功能称为失效。可靠性理论是以产品（或系统）的寿命特征为研究对象的。

可靠性理论起源于 20 世纪 30 年代，最早研究的领域包括机器维修、设备更换和材料疲劳寿命等问题。第二次世界大战期间由于研制使用复杂的军事装备和评定改善系统可靠性的需要，可靠性理论得到重视和发展。现在，它的应用已从军事部门扩展到国民经济的许多领域。

在可靠性理论中所用到的数学模型大体可分为两类：概率模型和统计模型。概率模型是从系统的结构及部件的寿命分布、修理时间分布等有关信息出发，推断出与系统寿命有关的可靠性数量指标如可靠度与失效率、修复率与有效度等，进一步可讨论系统的最优设计、使用维修策略等。统计模型是从观察数据出发，对部件或系统的寿命等进行估计与检验等。

一、基本术语

可靠性是指系统或设备在规定条件下和规定时间内完成规定功能的能力。可靠性有固有可靠性和使用可靠性之分，固有可靠性是通过设计、制造形成的内在可靠性；使用可靠性是在使用过程中发挥出来的可用性，一般受环境条件、使用操作、维修等因素的影响。使用可靠性一般总是小于固有可靠性。

二、系统可靠度

系统可靠度是建立在系统中各个组成部分之间的作用关系和这些部件本身可靠度的基础上的，系统的可靠性取决于元素可靠性及系统结构。系统可分为储备系统、非储备系统和复杂系统。

1. 串联系统

串联系统又称基本系统，从实现系统功能的角度，它是由各元素串联组成的系统。串联系统的特征是，只要组成系统的所有单元中，任一单元发生故障就会导致整个系统发生故障；或者说只有当系统中所有单元都正常工作时，系统才能正常工作的系统称为串联系统。

2. 并联系统

并联系统属于工作储备系统，由 n 个单元组成的并联系统具有如下特征：系统中只要有一个单元正常工作，系统就能正常工作，只有系统中所有单元都失效，系统才失效。

3. 混合系统

实际系统多为串并联的组合，称为混合系统。在这种情况下，可以先把每一组成单元（串联与并联）的可靠度求出，再转换成单纯的串联或并联系统，然后求出系统的可靠度。

三、可靠性设计

可靠性设计是保证机械及其系统满足给定的可靠性指标的一种设计方法，包括对产品或系统（设备）的可靠性预测、分配、技术设计、可靠性评价等工作。技术设计是实现可靠性指标的重要方向。预防故障发生、及时消除故障，便于检查易发生故障部位是技术设计的重要任务。为达到系统的可靠性，必须对成本、可靠性、维修性、性能等各因素进行综合权衡，并以此作为设计的依据。

可靠性问题的研究是因处理电子产品不可靠问题于第二次世界大战期间发展起来的。可靠性设计用在机械方面的研究始于 20 世纪 60 年代，首先应用于军事和航天等工业部门，其次逐渐扩展到其他领域。

对于一个复杂系统来说，为了提高整体系统的性能，都是采用提高组成系统的每个部件的制造精度来达到，这样就使系统的造价昂贵，有时甚至难以实现（如对于由几万甚至几十万个零部件组成的很复杂的产品）事实上可靠性设计所要解决的问题就是如何从设计人手中来提高系统的可靠性，以改善对各个组成部分可靠度（表示可靠性的概率）的要求。可靠度的分配是可靠性设计的核心。

一般来说，可靠性设计应考虑下面一些原则：

（1）尽量采用可靠性高的标准化、系统化零部件；

（2）在保证系统的规定功能前提下，使整个系统尽量简单化、标准化；

（3）采用先进的设计方法，提高设计系统可靠性；

（4）重视维修性设计，考虑可达性、装配性、易换性、可诊断性等方面的设计；

（5）进行人—机工程设计；

（6）进行系统的安全性设计；

（7）进行系统寿命周期内经济性分析。

可靠性分配是根据系统的可靠性目标，确定系统各组成部分的可靠性指标，它是可靠性设计的重要步骤，通过可靠性分配可进一步落实可靠性指标，明确各子系统和单元的可靠性要求，发现薄弱环节，为改进设计提供依据。

四、人的可靠性

人在各种工程系统的可靠性中起着重要作用，为了使可靠性分析更有意义，必须考虑人的可靠性因素。人的可靠性是指人在系统工作的任何阶段，在规定的最小时间限度内（假定时间要求是给定的）成功完成一项工作或任务的概率。

在系统设计阶段，遵循人因素的原则能有效地提高人的可靠性。

1. 应力

应力是影响人的行为及其可靠性的一个重要因素。显然，一个承受过应力的人会有较高的可能性造成失误。

应力不完全是一种消极因素。实际上，适度的应力有利于把人的工作效率提高到最佳状态。如果应力过轻，任务简单且单调，反而会使人觉得工作没有意义而变得迟钝，因而人的功效不会达到高峰状态；相反，若应力过重，超过中等应力情况下，将引起人的工作效率下降。引起下降的原因是多方面的，如疲劳、忧虑、恐惧或其他心理上的应力。

（1）职业应力

职业应力可分为以下四种类型。

类型一：与工作负荷有关。在超负荷工作的情况下，任务要求超过了个人满足要求的能力；同样，在低负荷工作的情况下，一个人完成的工作调动不起积极性。低负荷工作的例子有：①不需要动脑筋；②没有发挥个人专长和技能的机会；③重复性工作。

类型二：与职业变动有关，职业改变破坏了个人行为上的、心理上的和认识上的功能模式。这种应力类型出现在与生产率和增长有关的机构中。职业变动的形式如调整编制、职务提升、科研开发和重新安置等。

类型三：与职业上受到挫折有关。当工作不能满足预先的目标时，会导致出现这种情况。如缺乏联系、分工不明确、官僚主义、缺乏职业准则等。

类型四：其他可能的职业性环境因素，如振动、噪声、高温、光线太暗或太亮、不好的人际关系等。

（2）操作人员的应力特征

人都有一定的局限性，当执行某一具体任务时，若超过这些限度，差错的发生概率就会上升。为了使人的差错降到最小，系统设计工程师和可靠性工程师应密切配合，在设计阶段应考虑操作人员的能力限度和特征。操作人员可能受到的应力特征是：①反馈给操作人员的信息不充分，不能确定其工作正确与否；②要求操作人员迅速地对两个或两个以上的显示值做出比较；③操作人员要在很短的时间内做出决策；④要求操作人员延长监视时间；⑤为了完成一项任务，所要做的步骤很多；⑥有一个以上的显示值难以辨认；⑦要求同时高速完成一个以上的控制；⑧要求操作人员高速完成操作步骤；⑨要求根据不同来源收集到的数据做出决策。

（3）个人的应力因素

个人应力因素是指一般工作人员可能因某种原因造成了心理压力而引起的应力。这些因素中有些是在一个人的一生中遇到的实际问题。将其中一些列举如下：①必须与性格难以捉摸的人在一起工作；②不喜欢做现在的工作或事情；③与配偶或子女有矛盾；④严重的经济困难造成心理上的压力；⑤在工作中有可能成为编外人员；⑥在工作中得到晋升的机会很少；⑦缺乏完成现在工作的能力；⑧健康欠佳；⑨时间上要求很紧的工作；⑩为了按期完成工作，不得不加班干；⑪工作被提出过多的要求；⑫做一项凭自己的能力和经验不屑去做的工作等。

2. 人的差错（失误）

（1）人的差错含义及原因

人的差错是指人在执行规定任务时发生失误（或做了禁止的动作）而可能导致预定操作中断或引起人员伤亡和财产损坏，人的差错对系统产生的影响随系统的不同而不同，所造成的后果也是不一样的，因此，必须对人的差错的特点、类型以及后果加以分析，并定量化地给出他们发生的概率，人的差错的发生有各种不同原因，大多数人的差错发生的原因是基于这样一个事实，即人可以以各种不同方式去做各种不同的事情。因此，按照 Meister 的观点，人的差错的原因主要包括：在工作的环境中光线不合适；操作人员由于培训上的不足而没有掌握到一定的技能；仪器设备的设计太差，质量不好；工作环境中温度太高；高噪声的环境；工作图纸不合理；工作人员的空间太挤；目标不明确；使用工具错误；操作规程写得制约太差或者有错误；管理太差；任务太复杂；信息和语言交流上太差，等等。

（2）人的差错分类

人的差错一般可按以下几种形式分类。

按信息处理过程分类可分为：

①未正确提供、传递信息。如果发现提供的信息有误，那就不能认为是操作人员的差错。在分析人的差错时，对这一点的确认是绝对必要的。

②识别、确认错误。如果正确地提供了操作信息，则要查明眼、耳等感觉器官是否正确接收到这一信息，进而是否正确识别到了。如果肯定其过程中某处有误的话，就判定为识别、确认错误。这里所谓识别，是指对眼前出现的信号或信息的识别；确认是指操作人员积极搜寻并检查作业所需的信息。

③记忆、判断错误。进行记忆、判断或者意志决定的中枢处理过程中产生的差错或错误属于此类。

④操作、动作错误。中枢神经虽然正确发出指令，但它未能转换为正确的动作而表现出来，这种情况包括姿势、动作的紊乱所引起的错误，或者拿错了操作工具及弄错了操作方向等错误，遗漏了动作等。

按执行任务性质分类可分为：

①设计错误。这是由于设计人员设计不当造成的错误。错误一般分为三种情况：第一设计人员所设计的系统或设备，不能满足人机工程的要求，违背了人机相互关系的原则；第二设计时过于草率，设计人员偏爱某一局部设计导致片面性；第三设计人员在设计过程中对系统的可靠性和安全性分析不够或没有进行分析。

②操作错误。这是操作人员在现场环境下执行各种功能时所产生的错误，主要有：缺乏合理的操作规程；任务复杂而且在超负荷条件下工作；人的挑选和培训不够；操作人员对工作缺乏兴趣；工作环境太差；违反操作规程；等等。

很多潜在的错误与职责有关。就决策来讲，例如决定不成熟、采用了一些不必要的规则；对一些行之有效的规章制度没采用、对目标变化反应不成熟、操作方向不正确以及对控制对象的变化反应不及时等都易出现错误。在制定程序时易发生潜在错误，例如安排一些不必要的操作步骤或遗漏了一些重要步骤等。与解决问题有关的潜在错误，例如使用错误的公式、识别、检测、分类及制定标准等职责也可能造成人的错误等。在操作运行中所产生的错误，一般分为两种类型，一种是疏忽型，是由于操作人员注意力不集中，没有注意到仪表显示上的变化，或记错、忘记执行某一功能；另一种是执行型，包括操作、识别（判断）和解释错误，例如采取了不必要的控制动作来达到所希望的效果、对信息的判断不正确从而进行了一些有害操作、误将正确的对象当作错误对象处理等。这一类型错误发生的频率较高。

③检验错误。检验的目的是发现缺陷或毛病。由于在检验产品过程中的疏忽而没有把缺陷或毛病完全检测出来从而产生检验错误，这是允许的，因为检验不可能有100%的准确性，一般认为检验的有效度只有85%。

④维修错误。维修保养中发生的错误例子很多，如设备调试不正确、校核疏忽、检修前和检修后忘记关闭或打开某些阀门、某些部位用错了润滑剂等。随着设备的老

化，维修次数增多，发生维修错误的可能性也将增加。

哈默对人的差错分类有以下类型：

①疏忽性：对困难做出不正确的决策；

②执行性：不能实现所需的功能；

③多余性：完成一项不该完成的操作；

④次序性：执行操作时发生次序差错；

⑤时间性：时间掌握不严，对意外事件反应迟钝，不能意识到的风险情况。

（3）人的故障模式

人的差错的发生有各种不同的原因，诸如信息提供、识别、判断、操作等一个或多个人的活动都可涉及人的差错。这些差错归纳起来为人的故障模式。

（4）人的差错概率估计

人的差错概率是对人的行为的基本量度。

人的差错概率受多种因素的影响，如操作的紧迫程度、单调性、不安全感、设备状况、人的生理状况、心理素质、教育、训练程度以及社会影响与环境因素等。因此，具体进行人的可靠性分析非常复杂，一般要根据操作的内容、环境等因素进行修正，而且在决定这些修正系数时带有很大的经验性和主观性。

人们在处理或执行任何一次任务时，都有一个对任务（情况）的识别（输入）、判断和行动（输出）三个过程，在这三个过程中都有发生差错的可能性。

由于受作业条件、作业者自身因素及作业环境的影响，作业者的基本可靠度还会降低。例如，有研究表明，人的舒适温度一般是 $19℃ \sim 22℃$，当人在作业时，环境温度若超过 $27℃$，人的失误概率就会上升约 40%。

3. 人的可靠性分析方法

（1）广义人的行为可靠度函数与差错纠正函数

把人看作系统中的一个部件，采用完全类似的经典的可靠性理论行为的可靠性模型。

（2）人的差错率预测方法

影响人失误的因素很复杂，很多专家、学者对此做过专门研究，提出了不少关于人的失误概率估算方法，但都不很完善。现在能被大多数人接受的是 1961 年斯温和鲁克提出的"人的差错率预测方法"，用来分析操作人员在系统运行过程中，采取必要的操作与措施时发生失误的概率。这种方法的分析步骤如下。

第一步，根据人的差错定义系统故障或分系统故障。

第二步，辨识和分析有关人的操作，主要采用系统和任务分析方法，亦即把整个程序分解成单个作业，再把每一单个作业分解成单个动作。

第三步，确定单人单项操作或多项操作的差错率。可以根据从各种渠道可能得到的数据来估算与系统故障有关的各种人的操作差错率，具体程序为：①根据经验和实验，适当选择每个动作的可靠度；②用单个动作的可靠度之积表示每个操作步骤的可靠度，如果各个动作中存在非独立事件，则用条件概率计算；③用各操作步骤可靠度之积表示整个程序的可靠度；④用可靠度之补数（1—可靠度）表示每个程序的不可靠度，这就是该程序人的失误概率。

第四步，评估人的差错对所考虑系统的影响。

第五步，提出必要的建议。

上述五个步骤是一个累积的过程，而且一直重复到由人的差错引起的系统性能下降达到某个可容许的水平为止。要注意的是，上述步骤不一定总是按同样次序进行重复。

4. 人的差错预防办法

（1）人—机系统分析法

20世纪50年代初，米勒研究并提出了人—机系统分析法。该方法能使系统中人差错的不良效果降低到某种可容许的程度。该方法包括如下十个步骤。

第一步，概括系统的功能和目标。

第二步，概括环境特征。它与人们完成各种任务和工作时必须承受的工效形成因子（即情况特征）有关。工效形成因子的典型例子包括照明、联合动作、空气的新鲜程度、清洁状况等。

第三步，概括有关系统的人力特征。它涉及有关系统中人力特征的辨识和估计，例如培训、经验、工作动机和技能等。

第四步，概括由系统人力实现的任务和工作。

第五步，根据表面或潜在的差错条件和其他有关的困难完成任务和工作的分析。

第六步，得出对每种潜在差错出现的概率。

第七步，得出对某种潜在差错未被发现的和未经校正的可能性分析。

第八步，得出对每种未被发现潜在差错的后果估计。

第九步，对系统提出修改意见。

第十步，重复大部分上述步骤再评价每个系统。

（2）差错原因排除程序

这种方法不是只强调弥补的方法，而主要是强调预防性措施，可在生产操作进行时把人的差错减少到可容许的程度。而且，这种方法要求工人直接参加，因此可用来提高工人完成工作的满意程度。可把这种方法直接称为减少人的差错的工人参与程序法。工人直接参与数据的收集、分析和设计、建议等。这种直接参与使工人把差错原因排除程序作为他们自己的任务。

差错原因排除程序法要有若干个工人小组。每个小组都有一名协调员，他的责任是要使本组瞄准自己的活动目标，亦即减少差错。这些协调员具有专门的技术和组织才能，而他们本人可以是工人，也可以是管理人员。小组的规模不应该超过 8~12 人。在定期召开的差错原因排除会上，首先由工人提出差错情况报告和可能的差错情况报告，其次对这些报告进行评审和讨论，最后提出补救或预防措施的建议。各组的协调员向小组提出管理工作的建议，每个小组和管理人员都得到人因工程专家和其他专家的帮助，这些专家就所提出的设计方法的评估和实现对双方进行帮助。差错原因排除程序法的重要准则如下。

①收集的数据应包括可能出现差错的情况、易发生事故的情况和差错。

②程序应限于辨识为了减少可能的差错需要重新设计的工作条件。

③差错原因排除小组对于诸如减少差错的数量、提高工作满意程度和费用有效性等因素所提出的工作情况的每项重新设计都应该由专家组进行评定。

差错原因排除程序包括下列基本内容。

①由管理人员来实施最合适的设计方法。

②由管理人员对工人在差错原因排除程序中所起的作用作恰如其分的认可。

③对差错原因排除程序所涉及的每个人进行教育，使其了解该程序的用处。

④人因工程专家和其他专家从费用与价值角度对提出的设计方法做出评估。此外，他们还要从这些方法中选出最合适的方法或者提出其他解决办法。

⑤对差错原因排除小组的协调员和工人进行数据收集和分析技术方面的培训。

⑥人因工程专家和其他专家利用差错原因排除程序的连续输入对生产过程改变的影响进行评估。

⑦工人对差错和可能出现的差错情况提出报告，并确定产生差错的原因。此外，为排除或适当地减少产生这些差错的原因，工人提出解决办法的方案。

（3）质量控制小组法

1963 年，日本开始用此方法解决质量控制问题。在日本，该方法的应用获得了极大的成功。

质量控制小组法和差错原因排除程序法两者有许多共同点。它们的某些内容是相同的。这些相同的内容为：

①参加者享有民主权利；

②目的在于解决问题；

③各管理等级之间有交叉。

质量控制小组法和差错原因排除程序法的不同点在于：

①利用因果图和巴雷特分析法来研究问题；

②强调协同工作和成员与集体的一致性；

③强调进行质量控制统计方法培训。

一个组在自愿的基础上由 8~10 人组成。这些人员是进行相互有关的或相同工作的生产工程师、管理人员和工人。

对所有这些人都要进行质量控制统计方法的培训。培训所包括的范围如下：因果图、质量控制图、巴雷特图、直方图、二项分布图。

其中，因果图是由日本人石川馨在 1950 年首先提出的。这种图是这样产生的：首先确定一个结果，其次把它化为若干个称为原因的起作用的因素，提出因果图先要列出用材料、人员、机器、技术四种分类法表示的有关原因。此外，还要把有关的原因反复地分成更小的分原因。只有列出了全部可能的原因后，过程才终止。要仔细地分析所涉及的全部原因会产生的影响。

巴雷特图分析是建立在巴雷特原理的基础上的。巴雷特是一位意大利的社会活动家和经济学家。他的关于质量控制的原理为：在硬件生产中经常出现为数不多的缺陷，但从出现的频率和严重性来看，这些缺陷显得突出。巴雷特原理有助于识别应着重研究的范围。此原理亦能用来分析人的差错。

（4）防止操作人员发生差错的预防措施

引起操作人员发生差错的原因有许多。下面仅就一些常见的人的差错原因及其预防措施进行介绍。

①注意力不集中。注意力不集中是引起操作员发生差错的主要原因之一。应考虑的防止注意力不集中的措施为：在重要场所安装能引起注意的装置、提供舒适的工作

场所以及在程序步骤之间避免过长的间隔。

②疲劳。防止疲劳的措施为：消除不合理的工作位置和不合理的操作方式，避免精力集中的时间过长，排除环境产生的应力和产生疲倦的精神因素等。

③注意不到重要的显示。光凭指针显示危险情况，易造成人的差错。若采用发声和发光手段来引起操作人员对问题的注意，则可避免出现忽视重要显示的情况。亦即防止注意不到重要显示的措施是使用视觉和听觉方法把操作员的注意力引到出现的问题上。

④操作员对控制器件的调整不精确。采用带定位销的控制器件或不需进行精密调整的控制器件，可以避免操作员因对控制器件调整不精确而引起的问题。对要求精确调节的控制装置，首先要求机构灵活且用力较小；其次利用"卡嗒卡嗒"发声来控制装置，则能避免由操作人员引起的控制不精确问题。

⑤接通控制器件的顺序不对。为避免不按顺序要求接通控制装置，可在关键部位设置联锁装置，并保证功能控制装置按其要求以一定的顺序排列。另外要避免采用外形相似或控制记号难以理解的控制装置。

⑥读错仪表读数。对读错仪表读数的预防措施是要解决清晰度问题。读表人要挪动身体，仪器不要放在不合适的位置上，这两点也很重要。可采取的措施有：消除视觉误差问题，当仪表位置分散时，读表人可移动身体，合理安排仪表位置，采用数字排列方式以达到符合人视觉的要求。

⑦用错控制器件。避免用错控制器件的办法有：使用时不要用力过大，关键的控制器件不要互相离得很近或相似，控制器件不要使用难以看懂的标记。

⑧振动和噪声的刺激。在不规则的振动和高噪声的环境下，操作者易发生差错，可采用隔振器和吸声装置来克服，最好是从振源和声源上采取措施。

⑨设备有缺陷，该工作时不能工作。克服的办法是采取各种措施保证仪器工作正常并提供一些测试和校准的程序。

⑩没有遵照规程操作。不遵守规定的程序是操作人员产生差错的一个重要原因。其措施是避免太长、太慢或太快的操作程序和设置符合人的群体习惯的操作方式等。

⑪因噪声没有听清命令。噪声会影响操作人员交谈，造成对指令不能正确理解。排除方法是将操作员和噪声隔离或者从根本上治理噪声。

⑫生理和心理上的应力。消除和减轻生理和心理上的应力是减少人的差错的重要方面，除加强教育与培训之外，改善环境条件及创造和谐的氛围都是有力的措施。例如，工作场所的布置，除保证操作人员能迅速地在设备之间活动，并及时与其他操作

人员保持联络外，应设法避免其他人员对操作人员个人空间的侵犯，保证合理的空间间隔与个人"领土"。这不仅涉及人体尺寸和感觉系统，还涉及人的个性、性别、年龄、文化、感情状态和人际关系等社会因素。

（5）容错与防错措施

为了真正做到减少人的错误，在实际工作中人们想了许多办法，如检查单制度、双岗制等。这里仅列出七条行之有效的方法。

①提高操作的冗余度

建立相互监督和相互纠错的交叉检查制度是提高人的可靠性的重要途径。研究表明，在简单重复性任务的操作过程中，人犯错误发生概率为千分之一到百分之一。如果做好交叉检查，班组（乘务组）整体的出错频率就会大大下降，那么可靠度就可以大大提高。人与机在功能上的重复也是重要的监督手段，因此真正做好人—机、人—人的监督和核查工作是减少人的错误的重要途径。

②系统界面改进

技术改进、容错和防错装置或程序的采用是减少人员操作错误的重要途径。例如，航空运输中近地警告系统（GPWS）的大面积采用，减少了约90%的可控飞行撞地事故；某些程序设计中，没有考虑认读可能出错的因素，如3280有可能被误认为是2380而导致事故的发生，但是如果考虑该因素，将其改为3300，即可大大增加认读的准确性。

③提高人的意识水平

保持良好的心境和情绪，避免消极心理和有害态度的影响。此外，调整工作负荷，改变技能层次，增加任务难度等，都能在一定程度上提高意识水平。

④检查单制度

事先对问题的解决方案进行归纳，并制成检查单卡。一旦发生类似问题，对照检查单，可以从容不迫地应对。当然，检查单须念，而不能背。念检查单要口到、手到、眼到，还要有心到，才能使错误不漏掉。

⑤按章办事，坚持标准操作程序

标准操作程序综合考虑安全、效益和操作方便，是精心设计和经验累积的结果，有些甚至是血的代价换来的。偏离标准操作程序是各类交通事故的主要因素，显然贯彻标准操作程序，即设计者的对人所要求的标准作业方法，是人的因素的重要内容。只有严格按章作业，杜绝违章操作，才能保证安全和效益。

⑥班（机）组分工明确，配合协调

现代交通运输更加强调班（机）组的协调与配合。班（机）组成员之间应当进行信息交流以达到信息共享、协调配合、互相提醒，及时纠正错误。如果班（机）组缺少合理分工、协调配合、充分的交流，可能造成班（机）组成员之间的操作矛盾，若是不了解对方的操作意图，后果是十分危险的。

⑦主动报告安全问题，实事求是对待人的错误

我国部分航空公司根据自己的实际情况，建立了自愿报告制度。应当说明的是，自愿（主动）报告制度是事件报告体系的有益补充。尽管为了鼓励主动报告，采取了减轻处罚或免于处罚的做法，但没有任何单位不加限制地无条件不处罚。也就是说减轻处罚或免于处罚要依照造成后果、情节轻重和动机如何等。处罚也是必不可少的，要看问题的实质和情节轻重，而不能一概而论。

第三节　事故预防理论

事故是由事故隐患转化而成的，事故隐患是随着生产、生活等社会活动过程而出现的一种潜在危险，是导致事故发生的两个最主要因素即物质危险状态和管理缺陷共同存在的一种状态。与事故后的处理不同，事故预防理论研究的是事前的防范，是对事故隐患的发现和排除。事故预防理论以信息论、系统论和控制论为基础，运用社会学、统计学、管理学等方法，与物理学、化学等自然学科方法结合起来，研究事故的原因及预防手段，对于保障人类生产、生活的安全有着重要意义。

事故预防理论主要包括事故预防原理、事故预防与控制基本原则、海因里希事故预防公理、事故预防 3E 准则、事故预防五阶段模型、本质安全化方法等，以下分别予以介绍。

一、事故预防基本原理

从时间过程来看，事故是一种连锁反应现象。海因里希认为，按因果顺序，事故是由以下五个组成要素的连锁反应造成的。

（1）人的素质（M）

人的素质（有家族遗传和社会环境的影响）对行动有很大影响，而这种行动决定是否容易发生事故。虽然人的先天性素质是由遗传决定，但其后天性素质却受到社会环境的很大影响。

（2）个人的缺陷（P）

人的性格是有易于引起事故和不易引起事故两种情况。轻率、性格急躁、神经质、容易冲动、不慎重、忽视安全作业等是和发生事故有密切关系的性格。

（3）人的不安全行为和机械的或物质的缺陷所引起的危险性（H）

所谓危险性并不是说它一定会发展成为事故，但是由于某些意外情况，它会使发生事故的可能性增加。在这种危险性中，既存在着人的不安全行动，也存在着物质条件的缺陷，即机械的或物理的缺陷。

（4）发生事故（D）

危险性由于某些意外情况可以转变为妨碍行动顺利进行，而发生妨碍达到行动目的的事件。即危险性会发展成为事故。

（5）造成伤害（A）

发生事故的时候，如果以人为中心来考虑，就可能使人由此而受到伤害，当然，不一定所有事故都会给人造成伤害。

由于这五个组成要素是在时间顺序过程中所出现的连锁反应，其发生顺序从 M 开始，如果对 P 有影响，接着就会影响到 H 和 D，只要 D 发生，最终就会出现 A 的结果，即造成人的伤害，即是由一个依赖另一个，一个跟随另一个而构成连锁顺序的。这种情形如同一列竖立的骨牌排成直线，如果第一块倒落，则全列倒落。所以，意外事件也称骨牌原理。

在这五个因素中，如果消除了 H——危险性，则连锁反应中断，不会向 D——发生事故方向发展，因而就不可能发展到 A——使操作人员受到伤害。所以，要想防止事故发生，就应当把着眼点放在顺序中心，消除生产过程中的危险性，努力防止人的不安全行为和设备、作业环境的不安全因素。这是搞好职业安全卫生管理的重要原则。

二、事故预防与控制的基本原则

事故预防与控制包括两部分内容，即事故预防和事故控制，前者是指通过采用技术和管理手段使事故不发生，后者是通过采取技术和管理手段使事故发生后不造成严重后果或使后果尽可能减小。对于事故的预防与控制，应从安全技术、安全教育、安全管理三方面入手，来采取相应措施。

安全技术对策着重解决物的不安全状态问题。安全教育对策和安全管理对策则主要着眼人的不安全行为问题。安全教育对策主要使人知道，在哪里存在危险源、事故的可能性和严重程度如何、对于可能的危险应该怎么做。安全管理措施则是要求必须怎么做。

三、海因里希事故预防公理

1931 年美国的海因里希在《工业事故预防》一书中，提出了根据当时工业安全实践总结出来的工业安全理论，即海因里希事故预防公理。该公理包括如下的内容。

（1）工业生产过程中人员伤亡往往是处于一系列因果连锁之末端的事故的结果，而事故常常起因于人的不安全行为或（和）机械、物质（统称物）的不安全状态。

（2）人的不安全行为是大多数工业事故发生的原因。

（3）由于不安全行为而受到伤害的人，几乎重复了 300 次以上没有造成伤害的同样事故。换言之，人员在受到伤害之前，已经数百次面临来自物的方面的危险。

（4）在工业事故中，人员受到伤害的严重程度具有随机性质，大多数情况下，人员在事故发生时可以免遭伤害。

（5）人员产生不安全行为的主要原因有：①不正确的态度；②缺乏知识或操作不熟练；③身体状况不佳；④物的不安全状态及物理的不良环境（这些原因是制定预防不安全行为措施的依据）。

（6）防止工业事故发生的四种有效的方法是：①工程技术方面的改进；②对人员的说服教育；③人员调整；④惩戒。

（7）防止事故的方法与企业生产管理、成本管理及质量管理的方法类似。

（8）企业领导者有进行安全工作的能力，并且能把握进行安全工作的时机，因而应该承担预防事故工作的责任。

（9）专业安全人员及车间干部、班组长是预防事故的关键，他们工作得好坏对能否做好预防事故工作有重要影响。

（10）除了人道主义之外，下面两种强有力的经济因素也是促进企业安全工作的动力：①安全的企业生产效率高，不安全的企业生产效率低；②事故后用于赔偿及医疗费用的直接经济损失，只不过占事故总经济损失的五分之一。

海因里希的工业安全理论阐述了工业事故发生的因果论，人与物的问题，事故发生频率与伤害严重度之间的关系，不安全行为的原因，安全工作与企业其他生产管理机能之间的关系，进行安全工作的基本责任，以及安全与生产之间关系等工业安全中最重要、最基本的问题。该理论曾被称作"工业安全公理"，得到世界上许多国家广大安全工作者的赞同，并把该理论作为他们从事安全工作的理论基础。但是，海因里希理论把大多数工业事故的责任都归因于工人的不注意等，表现出时代的局限性。

四、事故预防"3E"准则

海因里希把造成人的不安全行为和物的不安全状态的主要原因归结为四个方面的问题：不正确的态度；技术、知识不足；身体不适；不良的工作环境。针对这四个方面的原因，海因里希提出工程技术方面改进、说服教育、人事调整和惩戒四种对策。这四种安全对策后来被归纳为众所周知的3E原则。

（1）工程技术改进——运用工程技术手段消除不安全因素。

（2）教育——说服教育和人员调整，掌握安全生产知识和技能，树立"安全第一"思想。

（3）强制或惩戒——用必要的行政和法律手段约束人们的行为。

企业可采取"3E"对策提高安全管理工作。工程技术对策是指通过工程项目和技术措施，实现生产的本质安全化，或改善劳动条件提高生产的安全性。教育对策就是企业通过三级安全教育、持证上岗教育、特种作业教育、全员安全教育、经常性安全教育等方式，开展安全文化建设，提高人员的安全素质，营造人人重视安全的环境。利用法治对策和经济手段，实行强制的政府安全生产监察，同时建立事故和隐患举报奖励机制，以扩大监督管理人员的数量，减少管理控制跨度，发挥安全生产监察的有效作用。

五、事故预防5阶段模型

很早以来，人们就通过一系列努力来防止工业事故的发生。

掌握事故发生及预防的基本原理，拥有从事事故预防工作的知识和能力，是开展事故预防工作的基础（即社会因素），在此基础上，事故预防工作包括5个阶段的努力。

（1）建立健全事故预防工作组织，形成由企业领导牵头的，包括安全管理人员和安全技术人员在内的事故预防工作体系，并切实发挥其效能。

（2）通过实地调查、检查、观察及对有关人员的询问，加以认真地判断、研究，并对事故原始记录反复研究，收集第一手资料，找出事故预防工作中存在的问题（事故隐患）。

（3）分析事故及不安全问题产生的原因。它包括弄清伤亡事故发生的频率、严重程度、场所、工种、生产工序、有关的工具、设备及事故类型等，找出其直接原因和间接原因、主要原因和次要原因。

（4）针对分析事故和不安全的原因，选择恰当的改进措施。改进措施包括工程技术方面的改进、对人员说服教育、人员调整、制定及执行规章制度等。

（5）实施改进措施。通过工程技术措施实现机械设备、生产作业条件的安全，消除物的不安全状态；通过人员调整、教育、训练，消除人的不安全行为。在实施过程中要进行监督。

经过具体的生产实践和总结，根据现代安全管理的观点，人们又对事故预防5阶段模型进行了改进。该模型以改进措施的实施作为事故预防的最后阶段，不符合"认识—实践—再认识—再实践"的认识规律和系统工程的原则。

预防事故工作是一个循环进行、不断提高的过程，不可能一劳永逸。这里把预防事故工作分为资料收集、对资料进行分析、发现问题、选择改进措施、实施改进措施、对实施过程及结果进行监测与评价、收集监测得到的资料等。

改进措施可分为直接控制人员操作和完善生产条件的措施，以及通过指导、训练和教育，逐渐养成安全操作习惯的长期的改进措施。前者对现存的不安全状态及不安全行为立即采取措施解决；后者用于克服隐藏在不安全状态及不安全行为背后的深层原因。

如果有可能运用技术手段消除危险状态，实现本质安全时，不管是否存在人的不安全行为，都应该首先考虑采取工程技术上的对策。当某种人的不安全行为引起或可能引起事故而又没有恰当的工程技术手段防止事故发生时，应立即采取措施防止不安全行为重复发生。这些及时的改进措施是十分有效的。然而，绝不能忽视所有造成驾驶员不安全行为的背后原因，这些原因更重要。否则，改进措施只是仅仅解决了表面的问题，而事故的根源没有被铲除掉，以后还会发生事故。

六、本质安全化方法

本质安全，就是通过追求企业生产流程中人、物、系统、制度等诸要素的安全可靠与和谐统一，使各种危害因素始终处于受控状态，进而逐步趋近本质型、恒久型安全目标。

本质安全是珍爱生命的实现形式，本质安全致力系统追问，本质改进。强调以系统为平台，透过反复的现象，去把握影响安全目标实现的本质因素，找准可牵动全身的那"一发"所在，纲举目张，通过思想无懈怠、管理无空当、设备无隐患、系统无阻塞，实现质量零缺陷、安全零事故。

人的本质安全相对于物、系统、制度三方面的本质安全而言，它具有先决性、引导性、基础性地位。

人的本质安全包括两方面基础性含义。一是人在本质上有着对安全的需要。二是人通过教育引导和制度约束，可以实现系统及个人岗位的安全生产无事故。

人的本质安全是一个可以不断趋近的目标，同时是由具体小目标组成的过程。人的本质安全既是过程中的目标，也是诸多目标构成的过程。

本质安全型的员工可通俗地解释为：想安全、会安全、能安全。即具备自主安全理念，具备充分的安全技能，在可靠的安全环境系统保障之下，具有安全结果的生产管理者和作业者。

本质安全型企业指在存在安全隐患的环境条件下能够依靠内部系统和组织来保证长效安全生产。该模型建立在对事故致因理论研究的基础上，建立科学的、系统的、主动的、超前的、全面的事故预防安全工程体系。

第四章　交通运输驾驶员安全管理

在影响交通安全的人、车、路诸因素中，人是最主要的因素。而在人的因素中驾驶员、行人、乘客和骑自行车者是交通直接参与者，而车辆维修工人、道路养护工人和交通安全管理人员则是交通间接参与者。

第一节　驾驶员的交通特性

如前所述，在驾驶员、行人、乘客和骑自行车者等交通直接参与者中，驾驶员是与交通安全关系最为密切的人。国内外的研究资料均表明，由驾驶员直接责任造成的交通事故占全部交通事故总数的 70%~90%，所以研究驾驶员的交通特性，加强对驾驶员的管理，对减少交通事故，保障交通安全有着十分重要的意义。

一、驾驶员的操纵特性

驾驶员操纵汽车在道路上行驶时，从环境（包括车外环境和车内环境）传来的信息，被驾驶员的视觉、听觉、触觉及嗅觉等机体生理感觉器官接收，通过向心性神经传至大脑中枢器。当驾驶员通过思考、判断做出意志决定后，由远心性神经再传至效果器（指运动器官、手和脚等），于是效果器发出动作，操纵汽车正常行驶。如果在行驶中效果器在反应上发生了偏差，汽车没有按照驾驶员的意志行驶，这时信息又刺激神经返回传入到大脑中枢器，这种返回传入叫作反馈，通过反馈来修正偏差，使汽车按照驾驶员的意志行驶。

归纳上述驾驶员操纵汽车活动基本包括三个过程，即感知外界信息、分析综合信息与推理作出判断、根据分析判断进行处理操作，简称感知、判断、操作，这三个过程构成了驾驶员的操纵特性。所谓感知，就是利用驾驶员的感觉和知觉来接收信息，这就需要了解驾驶员的感知特性。所谓判断，就是利用感知到的信息进行分析综合与推理判断的整个思维过程。所谓操作，就是经过思维后作出的处理决定。判断和操作是驾驶员对感知到的信息作出的反应；就感知本身来讲，也是感觉器官对外界刺激物作出的反应，所以就必须研究驾驶员的反应特性。驾驶员在操纵汽车过程中，感知、判断、操作三个环节中有一个出现差错，就会引起交通事故。据大量的交通事故统计资料可知，由感知错误引起的交通事故最多，占55%~60%；由判断错误引起的事故占35%~40%；由操作错误引起的事故较少，占5%左右；其余极少数为介于三者之间不易分清的差错。

分析驾驶员的操纵特性可知，汽车的操纵是通过驾驶员介入汽车（车内环境）与道路（车外环境）之间来实现的，其操纵由人机（车）系统来控制。驾驶员通过仪表盘只能获得车辆行驶状态变化的少量信息，而大量的信息是通过感觉器官（主要是视觉器官）从道路环境中获得的，然后再做出改变驾驶操作的反应，以适应道路环境的变化而正常运行。我们把这个人机系统称为人机调节系统，该系统把人、车、路有机地联系在一起。在这个系统中，驾驶员是作为运动着的汽车的中枢而存在的，故驾驶员在感知外界信息时的感知特性以及在感知、判断、操作过程中的反应特性对人机系统的调节都起着主导作用。由此可见，对人机系统的调节起主导作用的驾驶员的功能集中表现在自身的感知特性和反应特性上。而感知特性和反应特性又与驾驶员的内在心理、生理素质密切相关，所以我们在研究反映驾驶员操纵特性的感知特性和反应特性时，必须将其与工程心理学中的驾驶员心理、生理特性一并研究讨论，只有这样，才能对驾驶员这一操纵中枢作出内容丰富的、深刻的分析。

1. 驾驶员的感知特性

所谓感知特性是指客观事物直接作用于人的感觉器官，在人脑中所产生的对事物属性的反映，这种反映是一种心理过程，所以感知特性属于驾驶员心理特性的一种，我们将其放在这里讨论，纯粹是为了便于说明驾驶员的操纵特性而已。

驾驶员的感知特性，即感觉知觉特性，包括感觉和知觉两个方面。

感觉是指客观事物（机体内外）直接作用于人的感觉器官，在人脑中所产生的对事物个别属性的反映。感觉分为外部感觉和内部感觉。外部感觉即接受外部刺激，反映外部事物属性的感觉。如视觉、听觉、嗅觉、触觉等。内部感觉即接受机体内部刺激，反映身体位置、运动和内脏器官的不同状态的感觉。如运动感觉、平衡感觉、内脏感觉等。外部感觉中的视觉、听觉和内部感觉中的运动感觉、平衡感觉对驾驶汽车的驾驶员来说都是十分重要的。特别是视觉通常要从交通环境中获得80%以上的交通信息。比如，道路情况、信号、标志及其他车辆与行人的动态等信息主要是靠驾驶员的眼睛来获取的，所以视觉机能的好坏对行车安全有直接影响。听觉接受外界传来的车辆和行人的有声信息或报警声，接受交通管理人员通过扩音器传来的指挥声等，若驾驶员的听觉不正常，就无法接受上述有声信息，往往会导致交通事故。人对听觉的感受一般比视觉快。在行车中放些背景音乐有助于消除单调和疲劳的感觉。平衡感觉使驾驶员在转弯和上下坡时，对自己的位置有个正确的判断，从而掌握汽车的平衡状态。

知觉是指直接作用于感觉器官的客观事物的整体在人头脑中的反映。知觉有视觉起主导作用的视知觉和听觉起主导作用的听知觉等。知觉还有空间知觉、时间知觉和运动知觉之分。

空间知觉是对物体形状、大小、远近、方位等特性的反映。对汽车驾驶员来说，最重要的空间知觉是距离知觉和立体知觉。距离知觉即远近知觉，主要靠视觉、听觉和运动觉参加活动。两车相对行驶，驾驶员只有凭视觉观察和听觉闻号综合判断才可较为准确的判定两车的距离。距离知觉常常会出现一些错觉，最常见的错觉有视觉产生的图形错觉。比如垂直线和水平线的长度相等，但垂直线看起来好像长一些。再如两条等长的直线，由于附加在两端的箭头向外或向内的不同，总觉得箭头向外的线段短些，我们把这一现象称为谬勒—莱伊尔错觉。

驾驶员在根据外部的或内部的许多条件判断距离时，常常会产生一些与行车安全关系密切的错觉，如高速超车或转弯时，道路好像比实际变窄了；下长坡后再上缓坡会感觉坡度比实际更陡；前照灯照低时，好像车向低处走，前照灯照高时，好像车向高处走；对近处目标的距离估计误差往往大，对远处目标的距离估计误差往往小；连续圆周运动往往误以为是椭圆运动；汽车双层轮廓标志灯，往往给人造成 2 个汽车的错觉，同时会使驾驶员觉得道路标高似乎在逐渐上升等，熟悉这些错觉，并有意识地去纠正这些错觉对保证驾驶员获得良好的距离知觉，减少交通事故有着重要的作用。立体知觉即深度知觉，是对立体物体或两个物体前后相对距离的知觉。当我们注意一个平面物体的时候，两个视象映在两个视网膜的相同部位上，如果将两个视网膜重合起来，则两个视象的位置也是重合的。换句话说，对象刺激了两眼视网膜的相对应部位，这时所知觉到的是平面的物体。当我们看立体物体或一大片远近不同的景物时，两眼的视象便稍微有点差别，即不完全落到视网膜对应的部位上。也就是说右眼看到右边多一些，左眼看到左边多一些，这样，两个视象映在两个视网膜不尽相同的部位上，视象不会完全重合，这就造成了两眼视觉上的差异——双眼视差。双眼视差转化为神经冲动，传至大脑皮层，经过分析和综合等加工处理便形成了立体视觉。在观察一大片景物时，远近不同的视象落在两眼视网膜的不对应部位上，便产生了深度知觉，立体视觉和深度知觉都是立体知觉。对于汽车驾驶员来说，应有精确的双眼视差的深度辨认能力，以便准确地判断有关对象的相互间的距离。1300m 是立体知觉的极限，超过 1300m，立体感的获得要靠其他条件，例如物体各部分的明暗和阴影分布、中间物的重叠等。

时间知觉是对客观现象的延续性（时距）和顺序性（先后）的反映。人们总是通过某种参照体来反映时间的。这些参照体可能是自然界的周期现象，正如太阳的升落、月亮的盈亏、季节的变化等；也可能是一些有节律的生理活动，比如脉搏、呼吸等。时间知觉受人们的态度、兴趣、情绪等因素的影响，当人们对某件事持积极态度并有浓厚的兴趣和良好的情绪时，对长时间往往估计过短；反之，对短时间往往估计过长。汽车在一定的速度下行驶，由于时间知觉的差错往往导致距离判断的失误，从而引起交通事故，所以，时间知觉对驾驶员的行车安全也有重要作用。

运动知觉是对物体的空间位移和移动速度的知觉。通过运动知觉，驾驶员可以分辨物体的静止和运动以及运动速度的大小。刚刚可以辨认出的最慢的运动速度，称为运动知觉下阈。运动速度大到看不清时，这种运动速度，称为运动知觉上阈。驾驶员的运动知觉常常出现一些错觉，如减速时，驾驶员有低估车速的倾向；加速时，驾驶员有高估车速的倾向。如暗色汽车似乎让人觉得运动得慢，到达该车的距离人们往往估计得比实际要小。道路窄，景物近，人们估计的车速往往偏高；道路宽，景物远，人们估计的车速往往偏低。此外，年轻驾驶员往往过高估计车速，年老驾驶员往往过低估计车速。

知觉有其固有的特性，这主要表现为选择性、理解性、整体性和恒常性。

知觉的选择性——作用于人的客观事物是十分纷繁多样的。但人不可能对客观事物全都清楚地感知到，也不可能对所有的事物都作出反应；它总是有选择地以少数事物作为知觉的对象，对它们知觉得格外清晰；而对其余的事物则反映得比较模糊。知觉的这种特性称为知觉的选择性。

凡是在每一瞬间被我们清晰地知觉到了的事物，就是我们知觉的对象；与此同时，仅被我们比较模糊地感知着的事物，就成为衬托这种对象的背景。知觉的对象，形象清楚、鲜明，就好像突出在背景的前面；而背景则好像退到它的后面，变得模糊不清。例如，当汽车驾驶员注视交通标志时，标志板上的符号和文字就是驾驶员知觉的对象；而附近的大地、道路、后面的蓝天、原野或者高山就成为模糊的背景。

有时对象和背景是可以相互转换的。驾驶员的注视点由标志板移向路面时，标志板就成为背景中的一部分，而路面上的行人和车辆则成为知觉的对象。

知觉的理解性——知觉是在过去的知识和经验的基础上产生的，所以对事物的理解是知觉的必要条件。在知觉的时候，客观事物的各种属性和各个部分不一定都同时发生影响，只是由于过去经验的帮助，人对知觉对象产生理解，才获得事物的整体的反映。这就造成了青年驾驶员和中年驾驶员在知觉上的差异。

除知识经验外，影响知觉理解性的因素还有言语的指导作用、实践活动的帮助、情绪状态和定势的影响。所谓定势也叫心向，是指对活动的一种准备状态。这种准备状态可以是在刚刚发生过的知觉的影响下形成的，也可以是在较长的时间内由某种刺激作用而形成。

知觉的整体性——知觉的对象具有不同的属性，由不同部分组成，但是人并不把知觉的对象感知为个别的孤立部分，而总是把它知觉为一个统一的整体。知觉的这种特性称为知觉的整体性。

知觉的恒常性——当知觉的条件在一定范围内改变了的时候，知觉的映象仍然保持相对不变，知觉的这种特性称为知觉的恒常性。

在视知觉中，知觉的恒常性表现得特别明显。这种特性对汽车驾驶员的情报获取也是很重要的。对象的大小、形状、亮度、颜色等映象与客观刺激的关系并不完全服从物理学的规律。尽管外界条件发生了一定的变化，但我们在观察某一事物的时候，仍然把它知觉为同一事物。

知觉的恒常性主要是由于过去经验作用的结果，人总是在自己的知识经验的基础上知觉对象的。当外界条件发生一定变化时，变化了的客观刺激物的信息与经验所保持的印象结合起来，人便能在变化的条件下获得近似于实际的知觉映象。从日常的经验中我们可以知道，对知觉对象的知识经验越丰富，就越有助于感知对象的恒常性。

以上讨论了感觉和知觉的概念、分类及知觉的特性，那么感觉和知觉又有什么联系呢？

显然，感觉和知觉有其共同的地方，它们都是客观事物直接作用于感觉器官而在头脑中所产生的对当前事物的反映。当客观事物直接作用于感觉器官，引起它活动时，才会产生感觉和知觉。一旦客观事物在我们的感觉器官所及的范围之内消灭时，感觉和知觉也就停止了。感觉和知觉都是对客观事物的直接反映。

但是感觉和知觉又有区别。感觉是对事物个别属性的反应，而知觉是对事物的各种不同属性、各个不同部分及其相互关系的综合的反映。例如，对一辆汽车的颜色、形状、大小等个别属性的相互关系综合地反映在头脑中，就形成一个汽车的具体形象；对交通综合系统中的各个不同部分，如道路、车辆、行人、驾驶员等交通环境及其相互关系综合地反映在头脑中就产生一个人、车、路综合系统的具体形象。毋庸置疑，知觉的这种主观映象是由事物的客观本性决定的。

由于感觉反映的是事物的个别属性，因此，一般地说，只要有个别感觉器官的活动就行了。知觉反映的是具有各种不同属性或各个部分的事物的整体，因此需要有各种感觉器官联合的活动，才能形成一个事物的完整形象。

客观事物总是由许多个别属性组成的，没有反映个别属性的感觉，就不可能有反映事物整体的知觉。因此，感觉是知觉的基础，知觉是在感觉的基础上产生的，是感觉的有机联系。

事物的个别属性总是离不开事物的整体而存在的。所以，在实际生活中，人都是以知觉的形式直接反映事物。感觉只是作为知觉的组成成分而存在于知觉之中，很少有孤立的感觉存在。大量的研究表明，驾驶员对事物的知觉能力随着对事物突出特性的逐渐把握而发展起来；从知觉的特性也可看出，驾驶员的经验对知觉能力有一定影响，经验越丰富，知觉也越敏锐，辨别信息的能力和准确性也越强，发生交通事故的机会就越少。

驾驶员的感知特性除和自身的感觉器官有直接关系外，还受外界交通信息的影响。驾驶员在错综复杂的交通环境中驾驶汽车行驶时，必须随时顾及车内环境和车外环境的各种交通信息。这些信息的特点是信息量特别大，而且繁杂多变，其中主要源于车外环境。驾驶员在处理这些信息时，难度极大，这主要表现在两个方面。一是驾驶员在繁杂多变的信息中，随时要区分出必要信息和不必要信息，而且对必要信息在极短的时间内要做出判断和反应。二是由于汽车本身在运动，驾驶员的感知觉机能会相应下降。正是由于这两方面的原因，决定了驾驶汽车工作的复杂性。这种复杂性主要表现为驾驶员的神经、心理高度紧张和负担沉重。

驾驶员在驾驶汽车时获得的外界信息尽管繁杂，但基本可归纳为以下四种。

1）突显信息

突显信息指突然到来的信息。例如，行车中，前车突然紧急制动，行人或自行车空然倒于车前等。只要驾驶员保持高度警惕，可变突然为坦然，转危为安。但有时也有些突显信息使驾驶员无法预防，如汽车中速行驶时，几米内突然闯入自行车或轻骑等车辆，驾驶员无法控制，致使发生事故。

2）微弱信息

微弱信息指外界刺激量过小，驾驶员难于接受到的信息。这种信息被驾驶员的感觉器官反映到大脑后，往往辨别不清楚，容易产生犹豫、疏忽，甚至错误。驾驶员对这些信息的接受程度与驾驶员的注意力、分析综合能力和判断能力有关。只要驾驶员在行车中集中注意力，仔细观察和瞭望，认真捕捉微弱信息，就可及时处理意外情况，避免交通事故。

3）先兆信息

先兆信息指信息到来之前具有某种征兆的信息。如在行车中具有事故苗头的违章驾驶、超速行驶、酒后驾车以及有警告标志的急弯陡坡行驶等。

4）潜伏信息

潜伏信息指驾驶员不易观察和发现的信息。其特点是它的"隐蔽性"。如行车中的视线盲区、在冰雪泥泞道路行驶、车辆带病行驶等。潜伏信息，往往难以预料，有时会造成严重事故，所以必须认真对待。有经验的驾驶员，随时都有应付潜伏信息的思想准备，从而避免交通事故。

2. 驾驶员的反应特性

在驾驶员的操纵特性中，由感知、判断到操作整个过程，包括了对外界信息的一系列反应。即外界信息的刺激引起了感觉器官的活动，经由神经传递给大脑，经过加工，再从大脑传递给肌肉，肌肉收缩作用于外界某种客体，整个这一过程都需要一定的时间。机体接受外界信息至作出反应动作的时距，即反应潜伏期称为反应特性，通常用反应时间来表示。从以上分析可知，反应时间包括感觉时间、信息传递时间、大脑处理时间和肌肉反应时间。

反应时间有简单反应时间和复杂（选择）反应时间之分。

简单反应时间是指机体对单一刺激物作出单一的确定反应所需要的时间。如驾驶员发现红灯信号后立即制动停车。简单反应大脑中枢活动比较简单，只要知觉到刺激物，不必过多的考虑和选择，就能立即做出反应，所以反应所需时间较短，如视觉反应约需 0.152s。对简单反应来说，不同机体间的个体差异不太明显。

复杂（选择）反应时间是指机体对几个不同刺激物，在各种可能性中选择一种符合要求的反应所需要的时间。有时将复杂（选择）反应时间，也称为辨别性反应时间。复杂（选择）反应大脑中枢活动比较复杂，需要进行一定的思维活动，然后做出判断和选择，最终才去执行正确的反应动作，所以反应所需时间较长。据有关试验资料可知，在复杂（选择）反应中，对被试者显示的刺激信号越多，反应时间则越长，如表4-1所示。

表4-1 复杂（选择）反应时间与可供选择的刺激数目的关系

可供选择的刺激数目	1	2	3	4	5	6	7	8	9	10
复杂（选择）反应时间（ms）	185	316	364	434	487	532	570	603	619	622

影响反应时间的因素很多，现就以下几种主要因素给予简要的分析。

1）接受刺激的感觉器官

不同的感觉器官反应时间不同。从表中可知，触觉的反应时间最短，一般为0.117~0.182s；痛觉的反应时间最长，一般为 0.4~1.0s。即使同一感觉器官，因其接受刺激部位的不同，反应时间也不一样，如对光的反应时间因接受光的视网膜位置不同而有所差异，愈接近视网膜中央凹处，反应时间愈短；离中央凹愈远，则反应时间愈长。

复合的感觉器官接受刺激信号的反应时间比单一的感觉器官接受刺激信号的反应时间短。如果同时把光和声音信号呈现在被试者面前，被试者不仅对光做出反应，而且对声音也会做出反应，并且获得的反应时间比只对光反应的时间短。

2）机体的运动系统

对于同一刺激信号，机体运动系统中的手和脚的反应时间不一样。手的反应比脚的反应快；大多数人的右手、右脚比左手、左脚反应快，这些人通常被称为右手优势的人，他们在人群中大约占95%。另外5%的人是左手优势的人，对于左手优势的人，则左手、左脚的反应时间比右手、右脚的反应时间短。

关于优势手的理论比较多，最有影响的是大脑两半球的优势学说。该学说认为大脑右半球控制着人左手、左眼等活动，左手优势的人一般是大脑右半球较为发达。这种人的空间知觉能力、想象能力和运动能力比较出色，因而在建筑设计师、演员和运动员中左手优势人的比例较高。

3）刺激信号的强度

刺激强度包括物理强度和其他类似的因素，物理强度指的是光的强弱、声音的大小等，其他类似因素则指的是刺激物的数量、面积等。

从大量实验数据可知，反应时间随刺激强度的增加而缩短。刺激强度每增加一个对数单位（因刺激强度范围极广，故需用对数单位，不然难以表示），反应时间便表现一定的缩减，但缩减越来越少。从应用观点看，我们可以推论：在任何需要对弱刺激进行快速反应的情况下，刺激强度稍微的增加，都会收到很好的效果；但当刺激强度已足够大时，再把它加强一些，却不会有什么明显的效果。

苏联工程心理学家研究了刺激强度影响反应时间的机制问题，经过对文献资料和试验结果的分析，得出了用生理强度规律解释反应时间与刺激强度关系的理论。即刺激物给予神经系统的能量愈大，在神经系统的一切环节中的过程进行的就越快，最后的反射效应也越有力。必须指出的是，只有当一切其他条件均等的情况下，这一规律才能明显地表现出来。

4）刺激物和感觉器官的空间特性

刺激物的空间位置、空间累积都与反应时间有关。刺激物离机体的空间位置愈远，机体观察的视角就愈小，反应时间也愈长；反之则缩短。刺激物的累积表现为尺寸或面积的大小，如果我们增加一个点光源的面积，在一定范围内就等于增加了它的强度，所以说空间累积中的面积效应和刺激强度效应是可以相互替代的。

感觉器官的空间特性表现为双眼视觉反应时间比单眼反应时间明显缩短，双耳听觉反应时间比单耳反应时间也短。

5）不同种类刺激物的数量

不同种类刺激物的数量愈多，机体做出选择反应所需的时间愈长。实验发现选择反应时间与刺激的信息量间存在着线性关系，由此可以推断：人的信息最大传递速度（通道容量）为一常数。

6）刺激物的对比度

刺激物与背景间的对比度对反应时间也有明显的影响。刺激物与背景间的对比度愈大，反应时间愈短；反之则愈长。

7）刺激信号的种类

刺激信号的种类不同，反应时间不一样。例如音刺激、力刺激和光刺激三者的反应时间由短依次变长。

8）机体的状态

机体的状态包括准备状态、训练因素、动机因素、年龄与性别因素和个体差异因素等。对某个刺激物的反应，人有精神准备和无精神准备大不一样。有精神准备者反应时间短；无精神准备者反应时间长。训练与反应时间关系极为密切，一般来说，训练机会愈多，反应时间愈短；反之则愈长。要特别说明的是反应时间随训练机会的增加而缩短是逐渐减少的。这种减少对简单反应和复杂（选择）反应也是不相同的。人的不同动机也会影响反应时间，一般地说，奖励诱因，使人的反应时间缩短；而处罚诱因，则使人的反应时间增长。反应时间和人的年龄有关，一般来说，30岁以前，反应时间随年龄的增长而缩短；30岁以后则逐渐增大。对两个同龄人，则反应时间和其性别有关，一般情况下，女性反应时间较长，男性反应时间较短；但对那些在年轻时已非常熟练的动作其反应时间受年龄的影响则比较小。由于人与人之间存在个体差异，即使在完全相同的试验条件下，不同人的反应时间也不一定相同。即使同一个人，因其当时的心理、生理特点不同，所表现出来的反应时间也不一样。例如体温、脉搏、缺氧、疲劳程度和药物刺激等都会影响一个人的反应时间。

驾驶员的反应时间基本上属于复杂（选择）反应时间。驾驶员的反应时间是一个笼统概念，它可用驾驶员的制动反应时间和驾驶员的制动操作反应时间这两个不同概念，从不同角度来描述。驾驶员的制动操作反应时间又称驾驶员的制动反应动作时间。

驾驶员的制动反应时间是指从驾驶员发现障碍物开始到将脚刚刚放到制动踏板上所需要的时间。它包括了驾驶员的反射时间（感觉时间、信息传递时间和大脑处理时间）和踏板更换时间（肌肉反应时间）。通常情况下，驾驶员的反射时间为0.38~0.5s，而踏板更换时间为 0.17~0.28s。驾驶员的制动反应时间与交通安全的关系十分密切，一般情况下，驾驶员的制动反应时间均在 0.3~1s 范围内。尽管这段时间不长，但由于车速较高，在这短暂的 1s 钟内，汽车仍然会行驶很长一段距离。例如汽车以 50km/h 的速度在行动，若驾驶员的制动反应时间为 0.5s，则反应时间内汽车行驶 6.94m；若汽车速度不变，驾驶员的制动反应时间延长到 1s，那么汽车在反应时间内将行驶 13.89m。这就是说，反应时间多了半秒，而行驶距离则多了 6.95m，可见驾驶员的制动反应时间对交通安全的影响是不容忽视的。

驾驶员的制动操作反应时间是指从驾驶员发现障碍物开始到制动踏板踩至制动力刚刚产生那一瞬间为止所需要的时间。它包括了驾驶员的制动反应时间和制动传递延迟时间。也可以说它是由驾驶员的反射时间、踏板更换时间和制动传递延迟时间三部分时间共同组成的。其中制动传递延迟时间一般为 0.07~0.1s。驾驶员的制动操作反应时间随着驾驶员的心理、生理状态的变化和汽车制动装置的结构差异而有所不同，通常情况下均在 0.5~1.5s 以内。同驾驶员的制动反应时间一样，驾驶员的制动操作反应时间也直接影响着汽车的行驶安全。

二、驾驶员的心理生理特性

如前所述，驾驶员操纵特性中的感知特性和反应特性与交通安全关系十分密切，而感知特性和反应特性又与驾驶员的心理、生理特性密切相关，所以研究驾驶员的心理、生理特性，对有效调节人机系统，保障交通安全将起到十分重要的作用。

1. 驾驶员的心理特性

心理特性是驾驶员心理活动规律的反映，它受生理和环境条件变化的影响，最终要反映在驾驶行为上。研究驾驶员的心理特性除要分析其心理过程（感知、注意、情绪和情感、意志等）外，还要探讨其个性心理特征（性格、气质、能力等）。心理过程与个性心理特征是分不开的，因为各种心理过程总要发生在具体的人身上，从而带有那个人的特点；而个性心理特征又要通过心理过程才能表现出来。我们在研究驾驶员的心理特性时必须把这两者联系在一起来探讨，以便从它们的相互联系中找出驾驶员的心理活动规律。

以下我们着重讨论驾驶员的注意、情绪和情感、意志等心理过程及性格、气质、能力等个性心理特征。

1）注意

驾驶员的感知特性、反应特性都和他们的注意力密切相关，所以研究驾驶员的注意力，对交通安全有重要意义。

注意是心理活动对一定事物的指向和集中。即对外界事物和现象有选择的感知。当把感官指向某些事物和现象时，人就表现为全神贯注和聚精会神，这种心理过程就是注意。被注意到的事物和现象，感知得比较清晰、完整、正确；未被注意到的事物和现象，则感知得比较模糊。如行车过程中，公路上车水马龙、熙熙嚷嚷，但驾驶员的注意只集中在来车、行人、交通信号、标志及自己所驾的车辆上。

注意分有意注意和无意注意。有意注意是一种自觉的、有预定目的的、往往需要一定意志努力的注意。例如驾驶员留心观察车辆、行人动态、倾听发动机和底盘的响声，即使疲倦了仍然要强迫自己去注意。无意注意是一种不自觉的、事先无预定目的的，也不需作意志努力的、自然而然产生的注意。无意注意主要是由事物的外部特征引起机体的定向反射而产生的，如浓郁的气味、强烈的光线、巨大的声响、独特的外形都会引发驾驶员的无意注意。在行车中，车外的新鲜事物和强烈刺激经常发生，这就要求驾驶员要善于控制自己，避免无意注意引起的注意力分散。

有意注意和无意注意是可以互相转化的。例如，驾驶员对所驾车辆不熟悉，因此必须有意注意才能从车辆的声响觉察出故障来，但时间一长，只要有特异声响，驾驶员立刻就会注意到车辆故障的部位，这就是有意注意向无意注意的转化。无意注意也可以向有意注意转化。例如，十字路口和道路障碍物前的红灯以及前车的周期闪现的转向信号灯，都会不自觉地吸引驾驶员的注意力，使其有意地去注意采取制动或转动方向盘，以保证行车安全。驾驶员主要靠有意注意来工作，从而保持高度的注意力。但是长时间的有意注意容易引起疲劳，所以驾驶员要学会使有意注意与无意注意不停地转化。只有这样，才能使注意长期地保持在驾驶活动上而不致因精神过度紧张导致身心疲惫。无意注意通常是消极注意，但在一般情况下对驾驶汽车是有益的，如红色的信号灯、发动机的异响声、轮胎与地面的摩擦声等外界刺激信号引起驾驶员对道路情况和车辆技术状况的无意注意，这种无意注意的参与对驾驶员估价道路环境和车辆技术状况以及完成相应操作并保障交通安全都有其积极的意义；在特殊情况下，无意注意也会分散驾驶员的注意力，对驾驶汽车不利，如过多的道路交通标志和与道路交通无关的广告牌、标语、宣传画和其他东西，往往会引起驾驶员的无意注意，从而分散其注意力而导致引发交通事故。

注意有其自身的特性，即注意的强度与稳定性、注意的集中与转移、注意的范围与分配，它们对行车安全均有着重要的影响。

注意的强度与稳定性是注意的重要特性。注意的强度是指认识客体、现象或活动时心理活动的紧张程度，注意的强度越大，对客体、现象或活动的认识越是完全和清

交通运输安全管理

楚，也就是我们说的注意力越集中。驾驶员的注意强度因场合而变。例如，在十字路口和超车时，注意的强度总比在有少量交通参与者的直线路段行驶时要大；但是在道路景色单调、长距离的直线道路行车或者夜间行车时，都会使注意的强度下降，单调的噪音、振动也会引起驾驶员瞌睡和注意强度的下降，从而导致判断错误和操作延误。善于根据驾驶工作的实践来不断地调节自己的注意强度是十分重要的，因为长时间的、高度紧张的注意会引起疲劳，使注意力趋于分散，注意的强度也就趋于下降。对驾驶员来说，在道路狭窄、交通复杂或阴天下雨、视线模糊的情况下，应提高注意的强度，以确保行车安全；但在一般情况下，应适当地减弱注意的强度，以避免心理经常处于紧张状态而过快的发生疲劳。注意的稳定性是指长时间地保持必要的注意强度于某种客体、现象或活动中。注意的稳定性，并不意味着它总是指向同一对象，而是说注意的对象和行动本身可以变化，但注意的总方向始终不变。例如，驾驶员在行车中，要注意观察道路上的行人、车辆动态，要根据实际情况加大或减小油门、变换档位或踏板，但是这些活动都是服从安全操作这项总任务的，所以注意也是稳定的。注意的稳定性取决于人的训练程度，但又与一个人的机体状态有关。获得过良好训练的人，能较长时间地保持注意的稳定性。调查表明，高度注意可在40min内无明显减弱地任意保持着，通常学生上课的持续时间定为40~45min就是以此为依据的。机体健康、精力充沛，对所注意的对象有浓厚的兴趣，且采取积极行动时，就容易保持稳定的注意；而失眠、疲劳或生病时，注意就不容易稳定。同注意稳定性相反的是注意的分散。注意的分散是由其他刺激物的干扰或由单调的刺激物引起的。但是，在没有外界刺激物时，保持注意的稳定性也是很困难的，这是因为缺乏刺激物，大脑的兴奋难以维持较高的水平。所以有时微弱的附加刺激物不但不会减弱注意，反而会加强注意。

注意的集中与转移是注意的另一个重要特性。注意的集中是指把知觉集中在某一客体、现象或活动上，与此同时抛开其他事物而不顾。但这并不是说人只能长时间毫不动摇地把注意集中在一个对象上。驾驶员的集中注意就是要把注意的总方向始终集中在驾驶汽车这一活动上，如在行车中，驾驶员时而注意观察前方，时而注意倾听声音，时而注意观察仪表盘；在上车前，驾驶员要把其他事情处理好，以免上车后思想转移，分散注意力。注意的转移是指根据工作需要，有意识、有目的地把注意从一个对象变换到另一个对象。注意的转移对驾驶员来说十分重要，如果驾驶员进入驾驶室开始工作后，思想还停留在上班前的其他事情上，必然会导致思想开小差，常常会引起交通事故。驾驶员出车前保持一段冷静的休息时间，有利于行车中注意的转移。注意的转移是一种主观努力的心理活动，是有目的的，它与注意的分散是不同的。注意的分散是一种被动的不由自主的心理活动，是思想开小差的一种表现。驾驶员要善于转移注意。一方面，每次出车时，要抛开原来的活动，把注意迅速转移到驾驶工作中去；另一方面，对突然出现的刺激信息要能迅速做出反应，具有注意转移的高度机敏性。如窄路行车时，驾驶员的注意先集中观察来车、周围环境和会车地点，然后迅速转移到码号、减速、打转向盘等事宜上，接着又转移到观察车辆靠右程度和与来车左边交会的距离。如果驾驶员没有从原来的活动及时把注意转移到驾驶工作上而思想不集中，或在驾驶工作中注意转移不迅速、反应不及时，都会导致操作失误而发生交通事故。

注意的最后一个特性是注意的范围与分配。注意的范围是指在同一时间里，能清楚把握的对象的数量，注意的范围又叫注意的广度。没有干扰时，人一眼可以盯住6~8个客体，通常认为：成年人的注意范围为4~6个彼此毫无联系的对象。驾驶员的注意范围是有限的，在道路交通密集时，驾驶员只能同时认识不超过2~3个道路交通标志。这是因为除道路交通标志外，驾驶员的注意力还要朝向车辆和道路上的其他客体，如完成驾驶操作、识读仪表数字等。事实上呈现在驾驶员视野中的对象是很多的，因此驾驶员应不断扩大自己的注意范围。找出被注意对象之间的联系和规律，把分散的对象系统化就能扩大注意的范围。如果尽可能使交通标志和信号集中、整齐、简单、明了就可扩大驾驶员的注意范围；如果把交通标志和信号的颜色涂得乱七八糟，安装得东倒西歪、杂乱无章，就会缩小驾驶员的注意范围，影响行车安全。驾驶员对交通法规学习得愈透彻，驾驶操作技能愈娴熟，驾驶经验愈丰富，注意的范围就愈大。这是因为学习的透彻、技能的娴熟、经验的丰富造就了驾驶员操作的自动化，而自动化的动作所需的智源就少，可省出一部分智源放在对别的对象的注意上，这自然就扩大了注意的范围。注意的分配是指注意的总方向不变，在同一时间内把注意分配到两个或两个以上的对象或活动上。例如，行车中，驾驶员既要注意操纵方向盘、制动器，又要观察外界来往行人、车辆的一切动态，还要注意车内仪表和车外的交通标志和信号，这就是注意的分配。在注意的范围内，驾驶员总是把注意力分配到某一时刻会造成最大危险的对象或活动上，分配到能够预测道路形势发展的客体、现象和活动上。分配注意有一定的条件，一方面同时注意的对象或活动间要有一定的联系；另一方面几个活动中必须有一种达到了自动化或半自动化的程度。严格地讲，注意的分配是很不容易做到的，在大多数情况下，是注意的迅速转移。但从总体上来说，注意的迅速转移被人们视为注意的分配。例如，汽车的起步，应先挂挡，后松驻车制动器，再缓松离合器，适当踩加速踏板，鸣喇叭，然后徐徐起步。这是注意的迅速转移，但形成熟练技巧后，就被看作是注意的分配了。注意分配的实质是并列的几个活动中，基本活动处在意识的中心，而其他活动（自动化的活动）只受意识的检查。

注意力是保证行车安全的重要的心理特性，驾驶员生病、疲劳、酗酒或过度兴奋和过度压抑时，其注意力会变差。每位驾驶员要学会在具体条件下利用注意特性，迅速分清主要信息和次要信息，不断清除视野中分散注意的客体、现象和活动，及时将注意力转向那些能够预测道路形势发展的客体、现象和活动上，防止和克服急躁情绪，保持身体的良好状态，加强对自己注意力的训练，这样就可以使自己成为一个具有良好注意特性的优秀驾驶员。公路设计部门在设计线型时尽量避免单调的景观和长距离的直线路段，公路管理部门及时清除公路两旁无关的广告、标语和宣传画，对提高驾驶员的注意力都有好处。

2）情绪和情感

像注意一样，驾驶员的情绪和情感对其驾驶汽车时的观察、判断和操作会发生广泛的影响，也与行车安全有密切关系，不过注意通常使认识和反应处于积极状态，而情绪和情感则推动和调节人的认识和行为。

情绪和情感是人对客观事物是否符合自己的需要、愿望和观点的主观感受和体验。凡是客观事物符合人的需要、愿望和观点时，就会引起积极肯定的情绪、情感，如满意、愉快、欢乐等，凡是客观事物不符合人的需要、愿望和观点时，则会引起消极否定的情绪、情感，如恐惧、忧伤、丧气等。积极的情绪和情感能促进人的认识和反应，是一种可以提高人的活动能力的"增力"情绪和情感；消极的情绪和情感妨碍人的认识和反应，是一种可以降低人的活动能力的"减力"情绪和情感。

情绪和情感在人们的日常生活中并无严格区别，但从科学角度来看，两者毕竟不能等同，其主要区别在于以下几点。

（1）情绪是指那些与某种机体需要是否满足相联系的体验。如饿了就有饭吃，会感到满意，这是一种低级的、简单的、人与动物所共有的生理需要是否满足的体验；而情感是指在人类社会发展进程中产生的，与社会需要相联系的体验。如社交的需要、精神文化生活的需要等，这是一种高级的、复杂的、人类所特有的并受社会历史条件制约的社会需要是否满足的体验。

（2）情绪是带有情境性的，它总是由当时的情境所引起的，如触景生情就是情境引起情绪的变化。情绪一般不太稳定，常常随着情境的改变而变化，且极易迅速减弱；而情感带有长期性和稳定性，也兼有情境性。如考上大学，求知欲得到满足，就会产生一种乐观、向上的理智情感，这种情感一般要稳定相当长一段时间。

（3）情绪带有冲动性和外露性，如受到某种刺激后反应强烈，常常伴有机体的生理变化，甚至失去理智；而情感呈现出一种非显露性，如未考上大学，求知欲和理智感未得到满足时，长时间保持一种稳定的失落情感，但并不十分显露。

情绪按其强度、速度和持续时间可分为心境、激情和应激三种状态。

心境是一种比较微弱、平静而持久的情绪状态。它是由于特别高兴或特别不愉快时留下来的感情余波或情绪的延长。在某种心境产生的全部时间里，它能影响人的整个行为表现，使一切都感染上某种情绪的色彩。心境是由对人有重要意义的事物引起的。例如，亲人去世会使人十分悲痛，心情沉重。如果驾驶员带着这种低沉的情绪开车，就会对驾驶操作产生消极的减力作用。如果一个人事业上有所成就，工作做出了成绩，就会有一种愉快、良好的心境，这种心境有助于积极性的发挥，可提高工作效率。如果驾驶员处在这种积极、良好的心境，无疑将有助于驾驶操作和行车安全。

激情是一种猛烈、迅速爆发而时间短暂的情绪状态。暴怒、狂喜、恐惧、剧烈的悲痛等都是激情，它有明显的外部表现，笼罩着整个人。人处在激情状态时，内脏器官活动变化激烈；认识会被局限在引起激情的事物上，以致认识范围狭窄；理智分析能力受到抑制；意识对自己行为的控制能力减弱，往往不能约束自己的行动，也不能正确评价自己行动的意义和后果。如果驾驶员处在激情状态，就会失去理智，严重影响其观察、判断能力和操作行为，甚至会报复道路上的行人和其他车辆而酿成事故。驾驶员在激情状态下发生的行为和该行为导致的交通事故会给国家和他人造成危害，驾驶员依然要承担相应的法律责任和事故责任。一般来说，不良的激情，可以采取转移注意的方法加以控制。

应激是在遇到出乎意料的紧急情况时所引起的急速而紧张的情绪状态。如在突如其来的或十分危险的条件下，必须迅速、几乎没有选择地采取果断措施的时候，就容易出现应激状态。驾驶员在行车中，突然遇到行人横穿马路，这就要求他迅速地做出判断，在瞬间作出决定，或紧急制动或打方向盘躲绕。由于每位驾驶员的知识、经验、技术水平等有所不同，应激状态也会表现出很大差异。有的人沉着果断，力挽危险局面；有的人惊慌失措，以致操作失误，紧急情况下的操作失误往往酿成重大事故。

道路和交通环境中的危险紧急情况，常常会引起驾驶员的激情，甚至出现应激状态。家庭和工作的不顺心常常使驾驶员产生减力心境，这些都会给行车安全带来危害。所以，驾驶员要学会控制自己的情绪，以适应激情和减力心境状态下的工作，要加强意外与危急情况下的操作训练，以便在应激状态下能急中生智，化险为夷。

情感与一个人的社会观念及与之相对应的评价系统有关。情感反映一个人的精神世界，往往带有个性的色彩。高尚的精神世界应具有道德感、理智感和美感。

道德感是人的道德需要及观点是否得到满足与实现而产生的内心体验。例如，对道德的行为，产生敬佩、羡慕和赞扬之情；对不道德的行为产生厌恶、憎恨和蔑视之情。具有良好道德感的驾驶员一般都具有好的职业道德，在行车中能做到安全礼让、文明驾驶、遵章守纪、服从管理；而道德感差的驾驶员一般职业道德也差，往往喜欢开"英雄车"、"赌气车"，经常有意违章，很容易发生交通事故。

理智感是指人在对客观事物的认识过程中和智力活动过程中，认识事物和探求或维护真理的需要、愿望是否得到满足而产生的内心体验。例如，人的求知欲和好奇心得到满足时，就会积极上进，这就是一种理智感；相反，得不到满足，一部分人就会消极颓废、感情用事，这种人理智感较差；而另一些人，则会面对现实，冷静分析，找出差距，重振旗鼓，寻求新的满足，这种人能理智地处理问题，属于具有良好理智感的人群。理智感较好的驾驶员，会努力钻研技术，处处安全礼貌行车，而理智感差的驾驶员，懒于思索，往往以感情代替理智，容易引发交通事故。

美感是指审美需要和观念是否得到满足和实现而产生的内心体验。例如，人对自然景色、艺术作品和行为美丑的体验。

具有良好美感的驾驶员在行车中的体貌形态和语言行为必然呈现出一种文明、高雅的形象。

3）意志

意志是人们自觉地确定目标，并自觉地调节行动去克服困难以实现预定目的的心理过程。良好的意志品质是实现意志行动的根本保证。良好的意志品质有自觉性、果断性、坚持性和自制性。

（1）自觉性。自觉性是一个人能否深刻认识行动目的的正确性和重要性，从而主动支配自己的行动，使之符合既定目的的意志品质。具有高度自觉性的驾驶员，能认识到遵守交通法规是为了安全行车，而安全行车又能从车轮下拯救人的生命，促进社会的安定，这些都具有积极的社会意义，那么他就会自觉地遵章守法，绝不轻易违章，交通事故量就会大大下降，与自觉性相反的意志品质是依赖、盲从和独断、任性。依赖、盲从的人没有主见，易受人暗示和怂恿；而独断、任性的人，对于他人的意见或劝告，不论正确与否，都一概顽固地拒绝。依赖、盲从和独断、任性虽表面上不同，其实质上都是缺乏自觉性的表现。具有这种意志品质的驾驶员往往在紧要关头没有主见或者因任性而丧失责任心，行车中容易发生交通事故。

（2）果断性。果断性是一个人善于迅速的明辨是非，适时而坚决地采取和执行决定的意志品质。果断不同于轻率，它是以周密考虑和勇气为前提的。驾驶员就需要这种意志上的果断性。随着汽车工业和公路事业的发展，汽车的行驶速度越来越高，若想要求驾驶员在短暂有限的时间内要做到准确的操作，就必须果断地行动。

果断性的反面就是优柔寡断或草率决定。前者会失去安全行车的时机，后者则凭一时的冲动轻易行事，具有这两种意志品质的驾驶员都容易发生交通事故。

（3）坚定性。坚定性是指为完成艰巨任务，坚持不懈地克服困难或自始至终顽强执行既定决定的意志品质。坚定性又叫坚持性。坚定性好的人，无论遇到再大的困难和阻力，都能始终保持饱满的情绪，不屈不挠地和困难做斗争。驾驶员若具有较好的坚定性，不管在任何恶劣的天气、道路和交通环境下，都能做到精神饱满、信心充足、沉着冷静、临危不乱，圆满地完成安全行车任务。

坚定性的反面是动摇性或刚愎自用。动摇性是遇到困难便怀疑预定的目的，不加分析就放弃对预定目的的追求，一遇挫折便望而却步，遇事见异思迁，虎头蛇尾。刚愎自用是对目标和行为不做审慎分析，只是一意孤行，固执己见，是故步自封的表现。驾驶员如果具有这样的意志品质，则不利于提高驾驶技术和养成良好的操作习惯，必然会危害行车安全。

（4）自制力。自制力是控制和支配自己行动的意志品质。有自制力的人能够驾驭自我，克服自己的欲望和情绪的干扰，迫使自己执行已经采取的、具有充分根据的决定。自制力强的驾驶员，在任何情况下都能约束自己，把自己的行动控制在交通安全允许的范围内。例如，在危机情况下，使自己不陷于恐惧状态；在道路宽直、视线良好的情况下，使自己不放松警惕。这样的驾驶员，在行车中始终能处在主动地位，交通事故比较少。

自制力的反面是随意性和变幻性。随意性和变幻性，使人丧失了既定的目标，更无法控制和支配自己的行动。这样的驾驶员开车时心中无数，遇到紧急情况时，往往决策不当，操作失误，很容易发生交通事故。

意志和情绪、情感有密切关系。情绪、情感可以成为意志的动力，意志又对情绪、情感起控制作用。

4）性格

性格是一个人对待客观现实的稳固的态度和与之相适应的惯常行为方式。它是人最鲜明、最重要、起核心作用的、稳固的个性心理特征。性格的形成机理十分复杂，从总体来说，它是以高级神经活动类型为直接生理基础的，同时受到外界环境因素的制约。性格比气质具有更大的可塑性。勇敢、怯懦、认真、马虎都是性格的种种表现。性格特征和其对现实的态度及行为方式有密切的联系，大致可分为互相联系的四种。

（1）对现实态度所表现的性格特征。一种人正直、诚实、积极、勤劳、谦虚、认真；另一种人邪恶、虚伪、消极、怠惰、高傲、马虎。这是两种对现实截然不同的态度所表现出来的不同的性格特征。具有前一种性格特征的驾驶员，容易形成严肃认真、兢兢业业的工作作风，行车事故较少；具有后一种性格特征的驾驶员，容易形成不负责任、马虎草率的工作作风，行车事故较多。

（2）理智型的性格特征。一种人善于分析、善于综合、深思熟虑；另一种人墨守盲从、孤立片面、懒于思索。这两种人在认知、记忆、想象和思维活动中表现了不同的性格特征。具有前一种性格特征的驾驶员以理智来衡量和支配自己的行动，表现在驾驶行为上能正确对待自己和外界交通情况，行车中遵守交通法规和安全操作规程，坚持礼貌行车，不争道抢行，交通事故较少；具有后一种性格特征的驾驶员，不认真分析具体交通情况，往往主观臆断或凭不完全的经验处理现场情况，容易出现判断、操作的失误而导致交通事故。

（3）意志型的性格特征。一种人具有独立性、自制力、坚定性和果断性；另一种人则具有依赖性、随意性、可变性和犹豫性。这两种人在行为活动方式和调节水平上表现了不同的意志特征，是两种截然不同的性格特征。具有前一种性格特征的驾驶员，有较明确的行动目标和良好的自制能力，行动坚决果断，很少受外界干扰，在驾驶行为上表现沉着冷静、临危不乱；具有后一种性格特征的驾驶员，往往粗心大意、盲目蛮干、优柔寡断、怯懦慌乱，容易发生交通事故。

（4）情绪型的性格特征。一种人平和乐观、宽容随和、镇静自若，不过分激动；另一种人狂喜暴怒、狭隘计较、急躁冲动，无法控制自己的感情。这两种人在情绪的强度、稳定性、持久性和主导心境方面表现出了两种截然不同的性格。具有前一种性格特征的驾驶员，善于控制自己的言行，轻易不受情绪的左右，开车的心态比较平静，反应比较灵敏，操作比较准确，不容易发生交通事故；具有后一种性格特征的驾驶员，在驾驶行为上表现很不稳定，容易产生急躁、冲动、赌气、报复心理，爱开"英雄车""赌气车"，容易发生交通事故。

按照不同的分类方法性格可分为许多不同的种类。根据理智、意志、情绪三者哪个占优势可将性格分为理智型、意志型和情绪型三种。理智型性格的人以理智支配自己的言行；意志型性格的人，办事有目标、积极主动、不受外界干扰；情绪型性格的人，往往以情绪左右自己的言行。根据心理活动倾向可将性格分为外倾型和内倾型两种。外倾型性格的人，开朗、活跃、善于交际；内倾型性格的人，闭锁、沉静、顺应困难。根据个体独立性可将性格分为顺应型和独立型两种。顺应型性格的人，独立性差，易受暗示；独立型性格的人，善于独立发现问题和解决问题。

不同的人具有不同的性格，但人的性格并不是固定不变的，更不是单一的，性格是可以受外界环境的制约，具有可塑性。认识这一点是很重要的。通过对驾驶员的安全教育，引导其克服并制约自身的性格弱点，对减少交通事故，保证行车安全大有好处。

5）气质

气质是人的典型的、稳定的个性心理特征。它是一个人在其心理活动和外部动作中表现出的某些关于强度、灵活性、稳定性和敏捷性等方面的心理综合特征。这种特征使一个人的整个心理活动的表现都涂上个人独特的色彩。

气质分类的说法很多，巴甫洛夫认为，气质的特性以高级神经活动的特性为生理基础。而人的神经活动按强度、平衡性和灵活性三种基本特性的不同组合，可构成四种不同的气质，即活泼型（强、平衡、灵活）、安静型（强、平衡、惰性）、兴奋型（强、不平衡、兴奋占优势）、弱型（抑郁）。古希腊医生希波克拉底按人的体液比例将人的气质也分为四类，即多血质（以血液为主）、胆汁质（以黄胆为主）、粘液质（以粘液为主）、抑郁质（以黑胆汁为主）。事实上，巴甫洛夫的理论是以古希腊理论为基础的，所以，我们按彼此特征互相对应的原则将巴甫洛夫分类名称归并到古希腊分类名称下来讨论。

（1）多血质（活泼型）这种人的心理活动和行为方式特点是朝气蓬勃、机智敏锐、有集体观念，易于相处，富有感情，但不强烈；情绪变换快，不持久。具有这种气质的驾驶员反应迅速、动作敏捷、坚韧顽强、精神饱满、不易疲劳，但有时轻率、马虎、不稳定。这种人在繁华的街道上驾驶汽车表现较好；而单调的长距离直线行驶易于瞌睡，只适宜于驾驶出租车、城市公共交通车和短途运输的车辆。

（2）胆汁质（兴奋型）这种人的心理活动和行为方式特点是精力充沛、热情爽快；脾气暴躁、好挑衅；感情强烈而外露，易突变、易冲动。具有这种气质的驾驶员反应迅速、动作敏捷；大胆、果断、主动，但急燥、任性，耐心和纪律性差；工作能力强，活动量过大，易于疲劳。这种人在紧急场合，能迅速果断地采取动作；喜欢冒险，经常对交通信号、标志置之不理，临近时又突然制动；交通阻塞时，持续猛按喇叭，好赌气、爱报复，常与他人发生纠纷。对这种人应加强行车中的监督和检查，方可成为一名好的驾驶员。

（3）粘液质（安静型）这种人的心理活动和行为方式特点是安静沉着、稳健平静；感情内倾、变化缓慢、不强烈但持久；表情单调、呆板。具有这种气质的驾驶员反应迟钝、动作缓慢；但考虑问题细心周到、自制力强；吃苦耐劳、沉着守纪。具有这种气质的驾驶员在单调环境下行车表现较好；在危险复杂场合犹豫不决，容易失去有利时机，带来许多不安全的因素。

（4）抑郁质（弱型）这种人的心理活动和行为方式特点是思绪复杂、深沉持久；孤僻单调、优柔寡断；意志薄弱、呆板羞涩；感情内倾、变化缓慢，易于伤感。具有这种气质的驾驶员反应迟钝、动作缓慢；具有较好的忍受性，易于疲劳；观察细心、操作正规、遵章守法。这种人遇到意外情况不知所措，往往导致交通事故，因此不适宜驾驶救护车和消防车。

人的气质很少纯属一种类型，多数人是混合型，只是某一种类型的特征比较突出，某种气质就表现得比较明显。气质虽是一个人比较稳固的个性心理特征，且与先天遗传关系密切，但在一定的社会环境中是可以改变的。气质的类型没有好坏之分，各类气质都有其优点和缺点。人们可以有意识地发展自己气质中的积极方面，而克服消极方面，以适应社会。

驾驶员气质的自我塑造，对减少交通事故保证行车安全有重要作用。气质与性格有关，气质与性格都是一个人稳固的个性心理特征，但气质的变化比性格相对缓慢。气质不决定人的社会价值和成就，也不决定人的道德和能力水平，但对人的实践活动有一定的影响。

6）能力

能力是人顺利完成某种活动的个性心理特征，或者说是完成一定活动的本领。能力是影响活动效果的基本因素。在其他条件相同的情况下，能力强的人比能力差的人可以取得更好的活动效果。能力强的人之所以能取得较好的效果，是因为他们心理特征的综合性能与活动的要求相符合。所以也可以说，能力是与活动的要求相符合并影响活动效果的个性心理特征的综合。

任何活动都是复杂和多方面的，所以它需要人具有与其要求相符合的多种能力的结合。能力按其适应的范围可分为一般能力和特殊能力。一般能力指符合许多基本活动要求的能力，如学习能力、记忆能力、观察能力等。特殊能力是指符合某种专业活动要求的能力，如机械操作能力、汽车驾驶能力等。特殊能力是一般能力在某个方面的发展，而一般能力则是在种种特殊能力发展基础上的概括。

能力的形成和发展依赖于两个主要条件，首先依赖一定的自然基础，即素质。素质为能力的发展提供了自然前提和物质基础。其次它又依赖社会生活条件。

遗传基础基本相同的两个个体，生活在不同的社会环境下，接受着不同教育的影响，最终在能力形成的方向和速度等方面都会存在着差异。因此，能力是先天素质与后天教育的合金。能力依赖于发展的物质基础是人的生理和心理条件，集中表现为人的体力和智力。智力和交通安全有一定关系。智力较低的人易发生意外事故，但智力较高的人也容易发生交通事故。这主要是智力低的人应付不了复杂多变的道路交通情况，信息处理的速度迟缓而难以胜任驾驶工作；智力高的人不满足现有工作，另有所求，对驾驶工作不安心，认为这是大材小用。智力中等的人比较适宜驾驶工作，交通事故也少。这里要指出的是智力的高低并不代表操作能力，关键是驾驶员的个性心理特征是否适应驾驶工作以及驾驶员的本人职业兴趣是否浓厚。一个人智力的发展又取决于社会生活条件。智力高的人，掌握相应活动就比较轻松容易。但是具有热爱劳动及善于弥补自身不足等特点的人，即使智力差，在工作中也能获得成就。例如，感知特性和反应特性差的人对驾驶工作是不利的。但是，通过提高注意强度，增强意志锻炼，加强驾驶操作训练等能够弥补上述不足，同样可以成为一名优秀的驾驶员。

驾驶员的能力与驾驶经验、驾驶技术有关。驾驶经验丰富、技术熟练的驾驶员，其能力分数高，对行车安全是有益的。但是，能力分数高的驾驶员就是好的和安全的驾驶员这一结论却难以得到证实。因为能力分数高的驾驶员通常具有一些抵消能力优势的特征。例如，缺乏经验可能会发生交通事故，而有经验的驾驶员因为获得的经验增大了冒险的可能性，反而比普通驾驶员更容易发生交通事故。

综上所述，能力和事故并没有对应一致的关系。每一名驾驶员若能充分了解这一点，对减少交通事故，保证行车安全必然是有所帮助的。

2. 驾驶员的生理特性

生理特性是指驾驶员身体各器官本身的功能，它直接反映驾驶行为，但又受心理特性的影响。在驾驶员的各种感觉器官中，与行车安全关系密切的主要有视觉、听觉、嗅觉、味觉和触觉。通常情况下，视觉接受外界的信息占全部信息的80%，听觉占14%，嗅觉、味觉和触觉各占2%。另外，驾驶员的身高对驾驶室内部操纵机构的适应程度也会影响驾驶员的乘坐舒适、操纵轻便、视线好坏、疲劳程度和行车安全。以下我们着重讨论驾驶员的视觉、听觉机能和身高。

1）视觉机能

如前所述，驾驶员的视觉所获得的信息约占全部信息的80%以上，因此研究驾驶员的视觉机能对行车安全有着十分重要的意义。

（1）视觉的两重功能

为了说明视觉的两重功能，有必要对人的眼睛构造和视觉原理作一大概了解。人的眼睛是一个直径约为23mm的近似球状体，它是由折光系统、调节系统和感光系统组成的。

折光系统包括角膜、房水、晶状体和玻璃体，这是四种不同密度和折射指数的介质，它们组成四个不同的折光界面。外界光线经过空气——角膜前表面界面、角膜后表面——房水界面、房水——晶状体前表面介面、晶状体后表面——玻璃体界面四次折射，最后聚焦于感光系统的视网膜上。

调节系统包括瞳孔的调节和屈光的调节。虹膜中央有一圆孔，叫瞳孔。瞳孔的调节靠虹膜的扩瞳肌和缩瞳肌控制，它通过改变瞳孔的大小调节射入眼内的光通量，以控制视网膜受刺激的强度，同时调节焦点的深度。在虹膜后面有睫状体，其内有睫状肌。屈光调节是通过睫状肌控制晶状体厚薄变化，使人眼具有对不同距离上的物体都能形成清晰视象的适应能力。

感光系统指视网膜，它位于脉络膜里层，在脉络膜外边又有不透明的巩膜保护着眼球。视网膜是一透明薄膜，其上有视觉感光细胞——锥体细胞和杆体细胞。在眼球后极的中央部分，视网膜上有一特别密集的细胞区域，其颜色为黄色，称为黄斑，直径为 2~3mm。黄斑中央有一小凹，叫中央凹（中央窝），这是视觉最敏锐的地方。视网膜神经纤维从四周向黄斑的鼻侧约 4mm 处汇集，成为一圆盘状，叫视神经乳头，它没有感光能力，所以也叫盲点。视神经纤维由视神经乳头穿过脉络膜和巩膜壁而通向视神经。在视网膜中央的黄斑部分和中央凹大约 3 度视角范围内主要是锥体细胞，几乎没有杆体细胞。在黄斑以外杆体细胞逐渐增多，而锥体细胞大量减少。据计算，人眼视网膜大约有 650 万个锥体细胞、1 亿~1.25 亿个杆体细胞。在中央凹每平方毫米有 14 万~16 万个锥体细胞。离开中央凹，锥体细胞急剧减少，而杆体细胞急剧增多，在离开中央凹一个短距离处杆体细胞数量最多，然后再逐渐减少。锥体细胞和杆体细胞都是感光物质，锥体细胞对光的感受性比杆体细胞低约 1000 倍，它需要更强的光波去激发，但不同波长的光波刺激锥体细胞会产生各种不同的颜色感觉。因此，锥体细胞负责在光亮的条件下观察物体的形状（细节）和颜色。杆体细胞感光性能很强，但只能产生亮度上的明、暗感觉，而不能分辨出各种颜色。因此，杆体细胞负责在灰暗的条件下观察物体的轮廓，而不能辨别其形状（细节）和颜色。

来自物体的光线通过眼睛的角膜、房水、瞳孔、晶状体和玻璃体，聚焦在视网膜上。视网膜上锥体细胞和杆体细胞接受光刺激，并转换为神经冲动，由视神经传导至大脑皮层的枕叶视区，产生不同的视觉。

我们说的视觉双重功能是指锥体细胞和杆体细胞执行着不同的功能，前者是明视觉感受器，后者是暗视觉感受器；前者可分解物体的形状（细节）和颜色，后者只能觉察出物体的存在和运动，并不能分辨出物体的形状（细节）和颜色。如前所述，锥体细胞主要分布在视网膜黄斑中央凹附近，所以中央凹处视锐度最高，即辨别物体细节的能力最强，偏离中央凹则视锐度逐渐下降。但是由于杆体细胞主要分布在视网膜中央凹以外的周边部分，尽管在很灰暗的环境下，因其对光有很高的感受性，所以仍然能察觉出物体的存在和运动，这是视网膜周边的功能。视网膜中央和周边的不同功能主要是锥体细胞和杆体细胞的不同功能和分布状态所决定的。

（2）视力。人通过视觉器官辨认物体细节的能力简称视锐度，临床医学上把视锐度又叫做视力。视觉器官辨认物体细节的能力实际上是视网膜中央凹的功能，所以又叫做中心视力。

①静视力——人与视标处于相对静止状态下的视力。我国是以在 5m 远的标准距离处，在标准照明条件下，观察视力表的视标来确定静视力的。常用的视标有"。"

形和"E"形,我国采用形视标。"。"形视标也称兰道环视标,为国际通用视标。

我国公安部发布的《中华人民共和国机动车驾驶证管理办法》中指出:机动车驾驶员两眼静视力(包括矫正视力)均不得低于标准视力表 0.7 或对数视力表 4.9。这里所指的视力实际为中心视力,因为测定视力时,驾驶员头部固定不动,眼睛向正前方的视标凝视,视标与眼睛的连线和视轴的夹角为零,视象落在视网膜中央凹处,而此处锥体细胞密度大,所以测出的视锐度最高。若离开中央凹逐渐向视网膜周边测定视力,则视锐度会急剧下降。当视标与眼连线和视轴的夹角为 3 度时,视力约降低 80%,6 度时降低 90%,12 度时降低 95%,30 度时降低 99%。因此,驾驶员在行车中,要在可视范围内不断变换注视点,以获取外界物体的清晰视象和细节。

视网膜中央凹锥体细胞有较高分辨能力的另一种解释是:每一个锥体细胞都有一个单独的神经通路把神经兴奋传送到大脑皮层;而杆体细胞则没有单独的神经通路,只是许多杆体细胞互相联接汇集成一条神经通路,把神经兴奋传到大脑皮层。这样一来,前者的分辨能力就强,而后者的分辨能力就差。但后者是许多杆体细胞汇集在一起,对刺激有总和作用,使传入视觉中枢的兴奋增强,因而造成微光下视网膜边缘有较高的察觉能力。

驾驶员的静视力若低于公安车辆管理机关规定的标准,就会影响对道路交通信号、标志、标线及其他车辆与行人的观察能力。所以《中华人民共和国机动车驾驶证管理办法》中又明确指出:对持有准驾车型 A、B、N、P 驾驶证的,持有准驾车型。驾驶证从事营业性运输的和年龄超过 60 周岁的,每年审验一次,并检查身体,其中包括对视力的检查。

我国对驾驶员静视力的要求尽管未达到正常视力的标准,但对保证安全行车来说已可满足要求,且与其他国家相比,这个视力标准还不算低,例如日本规定,大型车和牵引车驾驶员两眼静视力均为标准视力表 0.5 以上或对数视力表 4.7 以上。

②动视力——人与视标处在相对运动状态下的视力。驾驶员驾驶汽车行驶时,观察道路环境中的物体是相对运动的,所以驾驶员在行车中的视力是动视力。实验证明,静视力好的人,动视力不一定好,所以在考核驾驶员时,不仅要检查静视力,更重要的是要检查动视力,这将对保证行车安全具有重要意义。

驾驶员的动视力和视觉对象的显示时间、驾驶员与目标物相对运动速度、目标物的运动方向及背景照度有关,同时,也会受驾驶员年龄的影响。一般情况下,驾驶员的动视力比静视力低 10%~20%;特殊情况下,驾驶员的动视力甚至比静视力低 30%~40%。

驾驶员的动视力和视觉对象的显示时间之间的关系可通过实验得知。例如,当照度为 75Lx 时，若视觉对象的显示时间由 0.04s 减少到 0.01s，则视力由 0.9 降至 0.4。这说明驾驶员要认清道路环境中的目标物，必须将视线在目标物上停留一定的时间。通常要察觉一个目标物平均约需 0.4s，如果要辨认清晰，则约需要 1s 时间。

驾驶员的动视力，随着驾驶员与目标物的相对运动速度的提高而降低。相对运动速度通常用角速度来表示，在 500Lx 照度下，当运动角速度由 0° 增加到 100% 时，1.2 的视力会降至 0.3。动视力与目标物的相对运动角速度基本成线性关系，角速度愈大，动视力下降愈多。通常当角速度大于 72° /s 时，动视力就变得模糊不清。这主要是驾驶员与目标物相对运动速度愈快，视线在目标物上停留的时间就愈短，因而来不及分辨目标物所造成的。

驾驶员的视认距离随着车速的提高而减少也说明了这一问题。当车速由 60km/h 提高到 80km/h 时，驾驶员辨认道路交通标志的视认距离则由 240m 降至 160m，这就是说，车速提高了 33%，视认距离则减少了 36%。对路面标线的认识也一样，当车速为 30km/h 时，视认距离为 37.4m，而车速增加到 40km/h 时，视认距离则降至 33.7m/h。

驾驶员与目标物的相对运动可分为三种情况：一是人动视力，即驾驶员随汽车运动，而目标物不动；二是物动视力，即目标物运动而驾驶员和汽车不动；三是全动视力，即驾驶员和目标物同时在运动。当车速在 30~60km/h 范围内，人动视力一般下降 5%~6%，与静视力差别不大；物动视力一般下降 10% 左右，低于人动视力；下降最多的是全动视力，这是最差的视力。

动视力下降程度随目标物运动方向的不同而不同。通常目标物作垂直方向移动比作水平方向移动视力会下降得更多。

同一运动方向和速度下，背景物的照度提高，则动视力将随之提高。如目标物运动速度为 40km/h，当照度为 50Lx 时，某驾驶员的动视力为 0.5，若照度增加到 100Lx 时，动视力将增加到 0.7。

动视力还受年龄的影响，显然，年龄愈大，动视力下降愈多。

③夜视力——夜间光线黑暗环境下的视力。夜视力与照度有关，照度增大，视力提高，当照度在 0.1—1000Lx 范围内，两者几乎呈线性关系。据日本宫坂先生的调查资料可知：日落前照度为 1000Lx 以上；日落后 30 分钟照度下降到 100Lx，日落后 50min，照度则降至 1Lx。随着照度的急剧下降，驾驶员先打开小灯，开始时照度可达 80Lx，以后即使把前车灯全部打开，照度也只有 10Lx 左右。根据实验，此时的视力较日落前降低 50% 左右。在完全黑暗的夜晚，视力只能达到白天的 3%~5%，因此，判断车外景物会发生严重困难，对行车安全极为不利。

黄昏视力下降的主要原因是自然光照度迅速下降，物体反射的光线也急剧变弱；

眼睛的暗适应还没有充分形成；黄昏时刻，自然光照度降至100Lx以下，而驾驶员相继打开车灯也只能产生与自然光相同的照度，使各种物体和背景不能形成明显的对比，所以驾驶员看不清周围的车辆、行人和交通标志等。另外，从视觉的双重功能机理分析，黄昏时刻，锥体细胞视觉功能降低，而杆体细胞参与工作，但因杆体细胞的功能仅可辨别物体的轮廓，而不能辨别物体形状（细节）和颜色，所以也造成了驾驶员视物不清，因此黄昏时刻是一天中最难驾驶的时刻，通常人们把黄昏时刻称作"恶魔时间"。

驾驶员的夜视力还和目标物的颜色、对比度和位置等因素有关，也和驾驶员的车速及年龄有关。

实验得知，夜间使用近光灯照明时，白色、黄色视标容易辨认，绿色、红色视标次之，蓝色视标亦最不易辨认；使用远光灯照明时，红色、白色、黄色视标容易辨认，绿色视标次之，蓝色视标亦最不易辨认。

夜间，对比度大的目标物比对比度小的目标物容易确认。我们把发现视标的距离称为认知距离，把能够辨清视标的距离称为确认距离。实验得知，目标物对比度大时，认知距离与确认距离之差较大，即驾驶员有较充裕的时间思考、应付各种事变，有利于行车安全；目标物的对比度小时，认知距离与确认距离相差极小，即从发现有"物"到确认是"何物"的时间太短，对行车安全极为不利。

白天，在道路中心线上的行人极易被发现。但当夜间会车时，情况恰好相反，在道路中心线上的行人，反而不易被驾驶员看到。这是因为在会车时，驾驶员的视线主要集中于道路前方右侧方向，以便安全会车；加之对向车前照灯光晃眼，驾驶员视力受损，并产生"消失"现象，即当行人或其他物体因同时受到对向车前照灯光与自己车前照灯光的照射，在某一相对距离内因不能形成对比而完全看不清楚，呈现消失状态，日本学者把这种消失状态称为"蒸发"现象。夜间若行人停在道路中心线上，双向车辆向行人接近，几乎都在距行人50m处呈现消失现象而辨认不出行人的存在。因此，夜间行人最好行走在道路路肩上较为安全，尽量避免停留在道路中心线上。

驾驶员的夜视力随着所驾车辆速度的提高而下降，车速愈高，夜视力下降愈多。

驾驶员的夜视力还受年龄的影响，20~30岁之间的驾驶员夜视力最好，之后年龄愈大，夜视力愈差，60岁的人其夜视力只有20岁人的1/8。

④辨色力——人眼对可见光谱中各种不同颜色的辨别能力。辨色力实际上是各种有色光反映到视网膜上所产生的一种感觉，不同的色彩则是不同波长的光刺激人的眼睛所产生的视觉反应。

由于视网膜中央凹部位和边缘部位的结构不同，中央视觉主要是锥体细胞起作用，而边缘视觉主要是杆体细胞起作用，所以视网膜不同区域的颜色感受性也不同。具有正常颜色视觉的人，其视网膜中央能分辨各种颜色。由中央向外围部分过渡，锥体细胞减少，杆体细胞增多，对颜色的分辨能力逐渐减弱，直到对颜色感觉的消失。在中央区相邻的外围区先丧失红、绿色的感受性，视觉呈红绿色盲，而黄、蓝颜色感觉仍保留。这个视网膜区域叫做中间区或红绿色盲区。在视网膜的更外围边缘，对黄、蓝色的感觉也丧失，而成为全色盲区。在这个区域只有明暗感觉而无颜色感觉，各种颜色都被看成不同明暗的灰色。

人的视觉有色彩感的波长在380~780nm之间，我们称这段波长的电磁波为可见光线，它们从长波一端向短波一端的顺序是：红色（700nm）、橙色（620nm）、黄色（580nm）、绿色（510nm）、蓝色（470nm）、紫色（420nm）。此外，人眼还能在上述两个相邻颜色范围的过渡区域看到各种中间颜色，如绿黄、蓝绿等颜色。为了正确辨认不同颜色，单靠波长这个指标还不够，还有色调、饱和度和亮度三个物理量。色调决定于物体反射光的波长，是物体颜色在质的方面的特征；饱和度决定于反射光内混入的白色数量，颜色中白色的含量越多其饱和度越低；亮度决定于反射光的强度，是物体颜色在单方面的特征。

同一个人对不同颜色的视认性是不同的：人从远处能看清楚的颜色顺序是红色、黄色、绿色、白色。同一个人对不同对比色的视认顺序是黑/黄、红/白、绿/白、蓝/白、黑/白（分子为图形、符号颜色，分母为底色颜色）。等距离放置几种颜色，同一个人会有不等距离的感觉，其中红色比绿色、蓝色感觉近，通常人们把红、黄色称为前进色，而把绿、蓝色叫做后退色。所有这些颜色都会对行车安全带来一定影响。

从生理上看，一个人的色觉失常，便产生色盲。色盲分为全色盲和部分色盲。全色盲即锥体盲，这种人视网膜缺少锥体细胞。全色盲的人很少，占人口的0.002%~0.003%，全色盲的人把一切颜色都看成灰色。部分色盲一般分为两种，一种是红绿色盲；另一种是紫色盲。红绿色盲的人把整个光谱感受为两种基本色调：一种是黄色，一种是青色，他们中的黄色盲患者把光谱的红、橙、黄、绿部分看成黄色、他们中的青色盲患者把光谱的青、蓝、紫部分看成青色。紫色盲患者把整个光谱都感受为红色、绿色和青色。据国际色觉障碍讨论会调查，每12个男人中，就有一个先天性色盲，女人中，色盲较少仅占0.4/12。我国色盲患者男子占5%~6%，女子占0.5%~0.8%。患有全色盲和红绿色盲的人，不适宜驾驶汽车，因为他们无法区别交通信号和标志、标线，往往会造成交通事故。

最常见的检查辨色力的工具是假同色表，通常叫做色盲检查表，国际上通用的是石原氏假同色表。

⑤烟雾中的视力——汽车行驶在多烟雾的城区或山区时，驾驶员的视觉机能会受

到很大影响，视力随之大大下降。

烟尘和水雾微粒悬浮于地面上空，随风飘荡。这些烟雾可使光线散射并吸收部分光线，形成白茫茫一片光幕，透过光幕观察一切事物就成为行车过程的重大困难。光被吸收，对象物的明度降低；光幕使对象物的对比度降低，两者同时起作用，视力急剧下降，并影响辨色力。在浓雾天气，驾驶员除黄色外，几乎不能分辨其他颜色，这主要是黄光有较好的透雾性能，所以通常用黄灯做雾灯，以便在雾中照亮较远的距离。雾天驾驶员目测距离往往要比实际距离远 2 倍以上，因而使前后两车的实际安全距离过小，所以经常发生追尾事故。

（3）视野。眼睛注视一个目标时，所能看到的空间范围叫视野。视野也叫视场，通常以视角表示。

视野范围内、中心视力以外的视力，称周边视力。这是黄斑中央凹以外的视网膜功能，其视锐度比中心视力低得多，但是它能使人感知周围的环境，掌握物体的形状、方位、运动和速度。驾驶员的周边视力差，就不能看清道路环境的全面情况，也很难发现附近突然发生的小孩横穿道路等事件，这样往往会导致交通事故。

驾驶员的视野受车速、对象物的颜色、驾驶员的年龄等因素的影响。

车速愈高，驾驶员的视点愈要前移，视野就变得愈窄，这样就形成了"隧道视"。"隧道视"使驾驶员易于疲劳和困倦，也看不清路旁的标志和其他景物，很容易发生交通事故。

另外，驾驶员在视野范围内察觉一个目标通常平均约需 0.4s；如果要达到清晰辨认，则平均约需要 1s。汽车高速行驶，目标物的相对角速度增大，这会使目标物在视野内的作用时间变短。如果在视野内的作用时间达不到 0.4s，驾驶员就无法发现目标；如果作用时间达不到 1s，驾驶员就无法分辨目标物的细节。如果汽车仍高速行驶，目标物距汽车愈近，其相对角速度愈大，致使目标物在驾驶员视野内的作用时间更短，使影像呈现模糊现象或消失。实验得知，车速为 64km/h 时，驾驶员只能看清 24m 以外的物体；车速为 97km/h 时，驾驶员只能看清 34m 以外的物体。如果物体在 427m 以外，则又因物体映象过于细小，要确认细节也不可能。因此，对驾驶员来说，当车速不超过 97km/h 时，在 34m~427m 距离之间、视野 40° 范围之内，被认为是有识别能力的空间。汽车行驶速度愈高，该空间范围愈小。为了适应这种视觉特点，交通信号灯和标志必须设置在该空间范围之内，且标志的大小及文字、符号的尺寸均应随着道路设计速度的提高而增大。

研究表明，物体的颜色不同，视野也不一样。我们的眼睛在感受浅蓝色物体时，其视野范围要比感受白色物体时小 10%~15%；感受红色物体时会缩小更多；而在感受绿色物体时则要缩小将近 1/2。人眼对不同颜色物体的视野由大到小的顺序一般是白色、蓝色、黄色、绿色。

驾驶员的年龄愈大，其周边视力愈减退，视野愈缩小；戴眼镜的驾驶员视野范围也要略窄一些，这些都应引起驾驶员的注意。

（4）视觉适应人眼对于光线明暗程度的突然变化，要经过一段时间才能适应。由明处进入暗处时，起初视觉感受性很低，然后逐渐提高，这个适应过程叫做暗适应。暗适应的最初 15min 是关键时刻，在黑暗中停留半小时，视觉感受性可提高 10 万倍。通常基本适应要 3~6min，完全适应则需要 40min。由暗处进入明处时，视觉的适应过程叫明适应。与暗适应相比，明适应相对比较快，一般仅需数秒至一分钟就可完全适应。

暗适应伴随两种生理过程：瞳孔大小的变化和视网膜感光化学物质的变化。从明处到暗处，瞳孔直径由 2mm 扩大到 8mm，使进入眼球的光线增加 10~20 倍。暗适应的主要机制是视觉双重功能的作用，是在黑暗中由中心视觉转为周边视觉的结果。在黑暗中，视网膜边缘部分的杆体细胞的感受性逐渐提高，视觉能力亦随之提高。在杆体细胞内有一种紫红色的感光化学物质，叫作视紫红质，在强光照射下，分解为视黄醛和视蛋白。两者在黑暗处重新合成为视紫红质。视觉的暗适应程度是与视紫红质的合成程度相应的。与暗适应相反，明适应时瞳孔要缩小，以限制进入眼球的光线；同时进入眼球的强光使杆体细胞中的视紫红质很快分解，周边视觉则转为中心视觉。

由于红色光只对中心视觉的锥体细胞起作用，而对周边视觉的杆体细胞不起作用，所以杆体细胞的视紫红质不为红光所破坏，即红光不阻碍杆体细胞的暗适应过程。X 光室的医生，在进入光亮环境之前戴上红色眼镜，再回到黑暗环境时，他的视觉感受性仍保持原有水平，不需要重新暗适应。交通信号灯、车辆尾灯、仪表灯等之所以做成红灯，也是因为从有利于暗适应考虑的；在隧道入口处设置缓和照明或提示驾驶员注意开灯的指示标志，可以减少光强度的突变性，所有这些都是对行车安全有益的措施。

（5）炫目。炫目俗称耀眼、晃眼，即眼睛受强光刺激后，出现的暂时性的视觉障碍。炫目分为两种：生理炫目和心理炫目。生理炫目是由于强光射入眼球内，不仅在视网膜上形成亮度很高的光点，而且在角膜和视网膜之间的介质中发生散射，形成一种光幕，致使驾驶员视觉感受到的亮度对比度大大降低。这是由于视野中极高的亮度或视野中心与背景间较大的亮度差引起的不适反应，因而造成视觉伤害，降低视觉功能。心理炫目则是由于在视野内经常出现高亮度光源的刺激，使视觉产生不舒适和疲劳感。

引起炫目的光称为炫光。炫光有间断性炫光和连续性炫光。汽车在夜间行驶，对向车的头灯产生的炫光，属间断性的炫光，间断性炫光产生生理炫目；街上路灯的反射作用,使人产生不愉快的感觉,这种炫光属连续性的炫光,连续性炫光产生心理炫目。

根据实验,汽车头灯引起的炫光,感到耀眼的距离为 100m ± 25m。一般情况下,炫目可使视力下降 25%,基本恢复视力需 3~10s,完全恢复则需要 3~4min。

炫目与下列因素有关:光源的亮度、光源外观的大小和其与视线的相对位置、光源周围的亮度、人眼睛的照度和眼睛的暗适应性。

为了防止炫目,《中华人民共和国道路交通管理条例》第 49 条第(四)款规定:夜间在没有路灯或照明不良的道路上,须距对面来车 150m 以外互闭远光灯,改用近光灯;在窄路、窄桥与非机动车会车时,不准持续使用远光灯。第 39 条又规定:同向行驶的后车不准使用远光灯。以视线为中心,30 度范围内通常称为炫目带,维护车辆时可将大灯光轴向下调整(光轴向上 4° 时炫目最严重),以避开炫目带,这对减轻夜间会车时的炫目感有重要作用。在道路中心设置绿化隔离带、在路旁设置防炫网、在路上装置防炫板(沈阳至抚顺一级公路上已装有防炫板)、在汽车上装防炫灯、行车中戴防炫眼镜等措施都可以造成避免炫目光对驾驶员强烈刺激的条件;经常服用含大量维生素 A 的胡萝卜、鱼肝油、牛奶油、肝脏等食物,可大大降低驾驶员眼睛对炫目的敏感度;出车前戴上半个小时的红色眼镜,可以增强驾驶员眼睛的暗适应能力,缩短炫光造成的视力恢复时间。

值得指出的是:我们在夜视力中讲到的行人"蒸发"现象,是夜间会车时炫目危害最严重的现象,这时行人以为两个驾驶员都看到了自己,根本没有采取避让措施,殊不知炫目驾驶员全然不知行人的存在,惨痛的行人伤害事故往往就发生在此刻。所以,在夜间驾驶员要趁还未与对面来车接近时,提前看清道路周围的一切,以避免不必要的交通事故。

炫目还和驾驶员的年龄有关。年龄愈大,炫目后视力恢复时间愈长,60 岁以后,视力恢复时间大约是 10 岁儿童的 3 倍。饮酒也可以使驾驶员在炫目后恢复视力的时间加长。

2)听觉机能

驾驶员在行车中除用视觉器官观察车外情况外,还需要用听觉器官来收集外界的声音信息,以便准确判断情况,正确采取措施。

听觉机能是人对物体振动发生的声波的主观感受。这种感受靠人耳朵的功能来实现。耳朵除具有听觉功能外,还具有感受人体平稳的功能,这对行车安全也具有重要意义。

听觉可以分辨声音信号的声调、声强和音色,这主要由声波的频率、振幅和波形三个物理量来决定。当这三个物理量变化时,就可以传输不同的声音信号。声调是指声音的高低，它主要由声波的振动频率来决定，声波的振动频率高，我们听到的声调就高；声波的振动频率低，我们听到的声调就低。声响是指声音的强弱，它主要由声波的振幅来决定，振幅大，则声响强；振幅小，则声响弱。音色是指不同发音体烫发出的不同声音，它是由声波的波形来决定的。最简单的声波是纯音，纯音是单一的正弦曲线波形的声波，用音频信号发生器和音叉都可以发出纯音。不同频率和振幅的纯音混合而成的声音叫复合音，平常我们听到的几乎都是复合音。

对于所有声音也可以按波形和振幅是否有周期性的振动而分为乐音和噪声。乐音是周期性的声波振动；噪音是不规则的声波振动且无周期。噪音超过一定强度，较长时间作用于听觉器官，就会影响驾驶员的工作效率和健康。

人所能听到的声音频率范围最低不小于16Hz，最高不超过20kHz。在这个范围内，每个人的情况不完全相同。疾病和年龄都会改变听觉的感受范围。随着年龄的增加，对声音频率感受性会逐渐降低。一般情况下，人对1kHz附近的声波具有最高的感受性。在500Hz以下和5000Hz以上的声波，需要大得多的强度才能被感觉到，听觉不仅与声波的频率有关，还与声强有关。当声强超过110dB时，所引起的不再是听觉，而是感觉不适，发氧或发痛。

听觉的适应性比视觉快，在疲劳情况下，驾驶员的听力会分散，分辨不清声音的性质，甚至察觉不出危险的声音信号。通过及时休息，会消除听觉疲劳。听觉的疲劳恢复比较快，一般经过15s就可以完全恢复。

驾驶员的听觉机能对行车安全有着重要作用。通常在人眼视线达不到的地方，都是靠听察声音来判断道路交通环境中的其他交通参与者的动向、方位和距离的。在速度判断中，听觉较视觉的误差要小一些。当然只靠听觉有时确认不了具体对象，而常常是由听觉作线索，然后再由视觉加以仔细分辨的。驾驶员还可根据听觉发现车辆异响和故障，以便及时检查和排除，防止机械事故的发生。

现代汽车上，一般都装有收、录音设备及无线电联络装置，这些都同听觉密切相关。在行车中，放些背景音乐也有助于减轻单调和疲劳感，有利于行车安全。

机动车驾驶员必须具有正常的听觉机能，《中华人民共和国机动车驾驶证管理办法》《机动车管理办法》中对此都有明确规定，即以驾驶员两耳分别距音叉500m能辨别声源方向作为听力检查的标准。

3）身高

机动车驾驶员的绝大部分工作时间是在驾驶室中度过的。如何使驾驶员在高速和长时间的工作中能够乘座舒适、操作省力、减少疲劳，对行车安全是极为重要的。要达到这个目的，除机动车驾驶室内部操纵机构的布置要与驾驶员四肢的活动范围相适应外，驾驶员的身高也要确定在一定范围。过高或过矮都会影响驾驶员的操作，同时难以确定操纵机构布置的调整量。身高过高，腿部易与转向盘和其他操纵机构相碰，活动范围受限，有劲使不上，不利于有效地操作；身高矮小，四肢长度与身高成比例缩短，无法对制动踏板施加足够的踏板力，不能使汽车有效地制动，也影响行车安全。

驾驶员的视野一方面取决于驾驶室风窗玻璃的尺寸、形状和布置，另一方面也和身高有着密切的关系。开阔的视野不仅便于观察道路环境中的各种交通信息，而且可减轻驾驶员的疲劳，使其保持心情舒畅，有利于行车安全。

综上所述，驾驶室内操纵机构的布置同人体工程学有着密切的关系。操纵机构的布置，是以保证驾驶员的正常操作和合理的活动空间为基础。而人体尺寸及活动范围又是操纵机构布置的基本依据。将驾驶员的身高控制在一定的范围内，不仅便于汽车的设计、改装、改造，更主要的是使道路交通安全得到了基本保证。根据对我国人体尺寸的数理统计分析表明，我国成年人身高在 1.55~1.82m 之间的占人口总数的 90% 左右。因此，《中华人民共和国机动车驾驶证管理办法》规定，申请大型客车、大型货车、无轨电车驾驶证的，身高不得低于 1.55m，申请其他车型驾驶证的，身高不得低于 1.50m。

第二节　驾驶员的生物节律

生物节律就是有机体周期性改变自身状态的能力，它是有机体的基本属性之一，它代表有机体的生理——生物循环。生物学家们证明，人体内存在一百多种这样的循环，如脉搏、呼吸、体温、血压、排尿、睡眠以及妇女月经等循环。准确地说，这些循环应当称为生理节律。

在研究交通安全时，人们常用体力、情绪、智力的周期循环来说明人的行为和情绪的日常变化及其对行车安全的影响。人的体力、情绪、智力三种生理循环通常被称为生物节律，它们对人的行为活动起着关键作用。

人体三种节律的变化规律如下。

1. 体力周期

体力循环周期为 23 天，前半周期为积极期或高潮期，是从事体力活动的最佳时期；后半周期为消极期或低潮期，体力及耐力下降，易于疲劳。

2. 情绪周期

情绪循环周期为 28 天，前半周期为积极期或高潮期，精力充沛、情绪乐观；后半周期转入消极期或低潮期，心神不定、情绪低落。

3. 智力周期

智力循环周期为 33 天，前半周期思维敏捷，工作效率高，称为积极期或高潮期；后半周期智力抑制、反应迟钝，称为消极期或低潮期。

上述三种周期自人的降生日起同时开始循环，并以严格不变的周期延续至人的一生。每当一种周期从前半期向后半期过渡时，人的行为便处于不稳定状态，这一过渡日称为零点日或临界日。临界日前后几天及零点日通常称为临界期。关于临界期的说法意见不一，但绝大多数人认为临界期应包括零点日前后各一天的时期，而零点日那天可称为临界日，其前后各一天，也可称为半临界期。

生物节律理论认为：驾驶员处于体力周期和情绪周期的临界日时，容易发生交通事故。

智力周期临界日对行车安全影响不大，但当其与其他周期的临界日重合时，就会增加消极影响的程度。当两种节律处于消极期，另一种节律处于消极期的最低点时，驾驶员也容易发生交通事故。因此，只要知道驾驶员的出生年月日，就可以推测出他一生中任何一天的节律状态，从而找出容易发生交通事故的日期。

第三节 疲劳及有害刺激物与行车安全

驾驶疲劳和酒类、烟草及药物等有害刺激物都会对驾驶员的中枢神经系统有所影响，特别是对大脑带来不良影响，从而导致驾驶员的感知模糊、判断困难、反应迟钝、操作失误，以至于发生交通事故。

一、驾驶疲劳与行车安全

疲劳是体力或脑力劳动产生的生理机能和心理机能失调而使工作能力下降的有规律的生理过程和状态。驾驶疲劳是驾驶员在行车中，由于驾驶作业引起的生理机能和心理机能失调，从而使驾驶机能暂时低落的现象。疲劳不是一种病态，而是一种正常的生理现象。当工作持续一定时间后，人体必然会出现疲劳，经过休息，又可消除疲劳，恢复原有的工作能力。当疲劳过甚或休息不充分，日久则可能发生疲劳的积累，形成过度疲劳，这是一种慢性疲劳，比较难以恢复，其工作能力的下降多少带有持久性的特征。这里要指出的是，疲劳和疲乏是有联系又截然不同的两个概念。疲乏是人对疲劳的主观感受，这种感受通常发生在疲劳之前，其生理实质是机体要求停止工作或降低工作强度的一种信号，以避免神经细胞功能紊乱。同时，疲乏的感受并不总是和疲劳的程度相适应。当工作繁重紧张而人高兴去完成它时，疲乏程度就比完成较轻松却不喜欢的工作要小一些。因此，进行创造性劳动的人（如艺术家、发明家、学者等）有时连续工作许多小时也不感到疲乏。

疲劳在生理上表现为感受迟钝，肌肉痉挛、麻木；动作不协调、不准确等。在心理上的表现为注意力不集中、思维判断能力下降、反应速度迟缓，尤其突出的是情绪躁动、忧虑、怠倦等。疲劳在生理上的反应比较强烈，而在心理上的反应不太明显。驾驶疲劳在生理和心理上的表现集中在身体症状、神经症状和精神症状上。身体症状指身体沉重、倦怠、酸痛等，如长时间驾驶汽车会感到腰、肩及足胫酸痛；长时间按一定姿势就座，腰部血流不畅，各部营养供应不足，会出现麻木和酸痛感。神经症状为眼神经疲劳，眼睑及其肌肉颤动、手脚发抖、步履不稳、动作迟钝等。精神症状为思考不周、精神涣散、情绪急躁、焦虑等，这些症状往往出现在驾驶时间过长以后。

驾驶员在行车中是否容易出现疲劳取决于许多主观和客观因素。如身心素质、情绪状况、睡眠情况、持续开车时间、车速快慢、车内外环境等。此外，女性驾驶员一般较男性易于疲劳；青年人也容易疲劳，但恢复较快。

驾驶疲劳与行车安全有密切关系。据日本统计，因过度疲劳造成的交通事故占事故总数的 1%~1.5%。在我国这种事故比较多，所以说驾驶疲劳是交通肇事的一种潜在因素。驾驶疲劳其所以能引起交通事故主要是因疲劳所造成的身体症状、神经症状和精神症状导致而成的。由于驾驶员在生理、心理方面的三种症状，使驾驶员的注意力下降、感知觉麻木、反应速度减慢、判断和操作失误、自动化操作能力丧失，所以发生交通事故的危险就会大大增加。

为了防止因驾驶疲劳导致交通事故，运输企业必须正确安排驾驶员的作息制度。一般情况下，驾驶员每天行车时间不宜超过 10h，每次连续驾驶 2h 后应稍作休息。深夜行车不要连续超过 2 次，运行计划中第 3 天应有充分的睡眠，如果两人交替驾驶，10h 中一人的实际驾驶时间应定为 4~6h 为宜。行车速度白天平均为 40km/h，夜间平均为 60km/h，这样不会对心理和生理机能带来更大的影响。

掌握驾驶员工作能力在一天、一周内的变化规律，对减少疲劳事故也十分有益。研究表明，在一个工作日的上半天时间内，开始工作的 1~1.5h 为驾驶员的适应期，容易出现失误；在紧接的 2~2.5h 为工作能力稳定期，工作效率最高，消耗的能量最低，失误也最少；在向后的时间内开始出现疲劳，工作能力下降，失误较多。在下半天，总体工作能力水平比上半天低，但周期关系不变。为了使上半天中最后一段时间内的疲劳及时消除，在上半天与下半天之间安排适当的休息是比较有益的。如果最后一段时间到开始休息之间的时间间隔愈长，造成的失误可能就越多。同样一周内的工作能力也是变化的。一般星期一为适应期，星期二、三、四为工作能力稳定期，星期五为工作能力下降期。驾驶员若掌握了自己的工作能力在一天、一周内的变化规律，就可在开始工作的适应期和工作能力下降期特别提醒自己，从而减少不必要的交通事故。

如果在行车中出现疲劳时，应及时采取一些补救措施：一是停车做一些轻微的活动或短时间体操；二是采取驾驶室通风、洗脸、喝清凉饮料等办法，让驾驶员稍微提提精神；三是在十分困倦时，停车睡眠片刻，所有这些措施都会收到事半功倍的效果。

美国、日本、法国等发达国家使用电子清醒带或在转向盘上安装瞌睡报警器，对防止驾驶员因疲劳而打瞌睡和减少交通事故是非常有效的。

值得指出的是，使用兴奋剂来预防疲劳的企图不仅不能达到预期目的，而且经常会造成危险的后果。研究指出，为了消除疲劳，有些驾驶员服用药丸或过量饮用咖啡，在短时间的兴奋和精神状态改善后，会引起神经细胞工作能力的急剧下降，最终使疲劳更加加剧。

二、饮酒与行车安全

酒，按其酿制工艺可分为发酵酒（如啤酒、黄酒等）、配制酒（如各种果酒等）和蒸馏酒（如各种白酒等）三大类。酒的主要成分是水和酒精（乙醇）。各类常见的饮用酒的酒精含量分别是：啤酒 3%~5%；楮米甜酒 7%；黄酒 12%~17%；葡萄酒 10%~15%；各种白酒 35%~65%。

饮酒后，约 80% 的酒精在十二指肠和空肠被吸收，其余被胃壁迅速吸收。吸收后溶于血液中，通过血液循环流遍全身，渗透到人体各组织内部。血液中酒精浓度达到高峰值后，再经过平衡期、扩散期，即以一定速度下降，我们把血液中酒精含量下降期称为排泄期。进入人体的酒精，通过血液循环分布在肝、脾、肾、心、脑和肌肉中，这些酒精大部分被肝脏和肾所氧化，最后生成二氧化碳和水。约 10% 的酒精由尿、呼气、汗液、唾液、乳汁等排出体外。

饮酒后体内酒精浓度和个人的嗜酒程度、饮酒量、体重、及性别等因素有关。日本宇留野对 52 名大学生中的 12 名女生和 40 名男生进行实验后，得出如下结论：在饮酒量、体重相同时，一般女子在饮酒 30min 后，血中酒精浓度达到顶点，而男子在 60~90min 后才能显现；另一结论是血液中酒精浓度女子明显低于男子，排泄期血中酒精浓度下降的速度，女子也比男子更快。即使对于同一个人，饮酒后体内酒精浓度也受身体条件和心境等因素的影响。

驾驶员血液中的酒精含量与交通事故有着密切的关系。根据苏联的资料可知：血液中酒精含量在 0.3‰~0.9‰ 的驾驶员造成交通事故的可能性比头脑清醒、功能无变化的驾驶员一般高 7 倍；酒精含量在 1.0%~1.5% 的驾驶员要高 30 倍；酒精含量超过 1.5% 的驾驶员则要高 128 倍。又有人曾在汽车模拟驾驶装置上做过实验，结果表明，当血液中酒精含量为 0.3% 时，驾驶能力开始受影响；血液中酒精含量增至 0.8‰ 时，错误操作增加 16%；若酒精含量再次增加，则不能正确操纵转向盘，驾驶汽车忽左忽右，车速忽快忽慢，进退失常；当酒精含量增至 1.0% 时，驾驶能力降低 15%；酒精含量增至 1.5‰ 时，驾驶能力降低 30% 可以设想，随着驾驶员血液中酒精含量的增加，发生交通事故的概率会大大上升。

根据世界各国的统计资料可知，酒后驾驶车辆所引起的交通事故无论在数量上还是危害程度上都是令人震惊的。在日本，因酒后开车发生的交通事故，占交通事故总数的 4% 以上；死亡人数约占交通事故死亡总人数的 10%。在英国，曾连续进行 24h 的调查表明，有 12.5% 的交通事故是由酒精中毒引起的。西德曾调查，70% 的交通死亡事故与酒后驾驶有关。法国的该项统计数字为 43%。许多特大交通事故往往与酒后驾驶有关，所以，世界上许多国家的交通法规都明确规定：严禁酒后开车。在萨尔瓦多，对酒醉驾车的惩罚是十分严厉的，即由行刑队执行死刑。在美、日、英等国，则从血液中酒精的含量和驾驶能力丧失情况两个方面进行了规定，同时规定了法定的人体酒精耐受性均值。我国交通法规中只对饮酒开车、醉酒开车做了严格的禁令和处罚规定，而对具体饮酒和醉酒程度却没有科学的标准。因此，有必要根据我国的民族和人群素质对酒精的耐受性均值进行研究和立法。

饮酒后，发生交通事故的概率大大上升的原因是酒精使人的感觉、知觉、判断、注意力、性格和情绪等生理心理特性处在异常状态。所以，受心理支配的驾驶操纵特性被严重干扰和破坏。具体表现在以下几个方面。

1. 视觉机能受损

饮酒后眼底血管受损，视力下降，如果酒中含有甲醇时，还可导致失明；夜间会车时大灯灯光造成炫目的恢复时间加长；驾驶员的视野也会因饮酒而大大缩小，以至收缩到前方的目标上而形成“隧道视”，使周边视力范围缩小，空间知觉能力下降，甚至许多危险信息也视而不见。当驾驶员血液中的酒精含量 ≥1.0‰ 时，颜色感觉能力下降，不能正确感知交通信号、标志和标线。

2. 触觉反应迟钝

驾驶员的触觉反应能力，也易受酒精的影响。触觉信息虽然比视觉信息少，但对行车安全却非常重要，如制动踏板的力度、转向盘的控制自如程度、汽车的振抖情况等，都需要靠驾驶员的触觉获取信息。触觉迟钝，可能丧失良机，使驾驶失控而酿成事故。

3. 中枢神经异常、麻醉

饮酒后，驾驶员的大脑细胞因酒精作用而受损，引起神经、精神改变。首先，酒精破坏了大脑皮层的抑制过程，使大脑对高级神经中枢的控制削弱，使低级神经中枢失去控制，故一时显得异常活跃，呈现兴奋状态。这时驾驶员有舒适感、情绪好、精神和体力倍增，但意志力降低、控制能力部分丧失、感情易冲动、常有冒险行为、肌肉运动也因失控而呈现冲动性和爆发性，我们把这最初时期称为兴奋期。其次，随着血液中酒精含量的增加，大脑皮层下中枢和小脑受损，出现一系列运动和精神障碍。表现为反应迟钝、步态蹒跚、言行失调，基本失去判断和控制能力，难以支配自己的行为，我们把这一时期称为共济失调期。最后，随着血液中酒精含量的再增加，驾驶员会很快进入深睡、昏迷不醒、面色苍白、皮肤湿凉、口唇变细、呼吸缓慢、脉搏和体温低于正常值。此时，饮酒者已完全失去知觉，持续下去甚至会导致呼吸中枢麻痹而死亡，我们把这最后的时期称为昏迷期。对于汽车驾驶员来说，主要是兴奋期和共济失调期，危害较大，至于昏迷期，已完全丧失驾驶能力，就不存在行车的问题了。

由于驾驶员的中枢神经异常和麻醉，从而导致一系列心理变化，并影响其驾驶机能，其主要表现如下。

（1）思维、判断能力下降。当血液中酒精浓度增加到一定程度，驾驶员对距离、速度、交通信号、标志和标线的判断能力会大大下降。英国科恩曾做过实验，他把驾驶员分为3个组。第1组不饮酒，第2、3组分别饮相当于23mL和68mL酒精的酒。让他们同驾244cm宽的客车做穿桩试验。桩距分别为226cm、41cm和35cm。第1组无一人想通过较车身宽度还窄的226cm桩间通道。而第2组有三人直向226cm的两桩间开去，有一人甚至想穿过35cm宽的桩间通道。第3组有两人想分别穿过41cm和35cm宽的狭窄通道。由此可知他们已不能正确判断距离，也不能正确处理车辆宽度和道路宽度的关系了。有人曾做过实验，当驾驶员血中的酒精浓度达到5~0.7mg/mL时，其错误地把红色信号误认成绿色信号的概率增加到46%。

（2）注意力偏向一方，转换和支配注意力的能力下降到50%以下饮酒后，驾驶员的注意力容易分散，往往偏向某一方信息而忽略了另一方与交通安全关系密切的重要信息；即使驾驶员意识到这种情况，要迅速将注意力转移和分配过来也比较困难。由于注意力转换和支配能力下降，导致驾驶员睡眠紊乱，迅速疲劳。这样，客观上就贻误了时机，往往造成重大和特大交通事故。

（3）记忆力发生障碍，记忆和认知能力降低饮酒后对外界事物不容易留下深刻印象，用心理学的观点叫做不容易铭记；对以前留下印象的事物也因酒精的影响而难以回忆，即再现或保持能力下降，但后者与未饮酒人相差不悬殊。日本宇留野等人曾以罗马字母与两音节日文字母连缀在一起，在各种不同的体内酒精浓度下进行记忆力测试。结果表明，没有饮酒时平均读 7.25 次就能记住；血液中酒精浓度低时，则需 9.5 次，浓度高时一直读到 18.15 次才能记住。因饮酒而忘记自己所驾车辆装载大件超高超宽物体竟直穿火车地道桥的驾驶员也不乏其人。

（4）情绪不稳定、性格发生暂时性变化饮酒后，驾驶员的情绪不稳定，往往不能控制自己的言语和行动，表现为感情冲动、胡言乱语、行为反常，在驾驶车辆时必然会大胆妄为、不知危险，出现超速行驶、强行超车等违章行为，有时甚至会把加速当制动踩，极易发生交通事故。饮酒后，驾驶员的性格也会发生暂时性改变，如有的人平时谨慎、规矩、严肃、认真，但酒后说话随便、行动轻率，是很容易违章和发生交通事故。

4. 驾驶操作能力下降

由于酒精使人在心理、生理上发生一系列变化，从而导致驾驶员的感知觉迟钝、反应速度缓慢、决策和运动协调能力降低。在这种情况下，驾驶员需要更多的时间来估计路况，做出决策并完成必需的驾驶操作，但是他本人却常常觉察不出这些失调。据苏联的研究资料可知：轻度酒醉时，驾驶员对加速、制动和转弯的肌肉关节运动感觉反应要下降 20%。驾驶员的反应时间也随饮酒量的增加而加长，饮用 78g 酒后，驾驶员的反应时间要增加 1~L5 倍，饮用 100g 酒要增加 1~3 倍，饮用 140g 酒要增加 2~4 倍，饮用 165g 酒要增加 5~8 倍。日本的末永也曾对 50 名驾驶员分 3 组进行按键试验，发现饮酒前 3 组驾驶员的按键错误率平均为 14%，而饮酒后按键错误率增加到 55%，而且按键反应的时间也在增加，其中有的达到了 35s 以上。通过模拟驾驶装置的另一项试验证明，未饮酒时，驾驶员无意识横穿车道的概率为 0.001，当血液中酒精含量为 1.1‰时，横穿车道的概率为 0.05，增加了近 50 倍，这一结论在道路行驶中也得到证实。加拿大王立警察研究所曾将 50 名驾驶员按微量、中高量和习惯饮酒者分为 3 组进行驾驶技术试验，发现其水平与未饮酒者比较，分别下降了 68%、47% 和 40%。

酒精除对驾驶员的视觉、触觉机能和大脑中枢神经系统带来一系列影响，从而影响驾驶机能外，还对人的心血管、肠胃特别是肝脏起致病作用。据统计，酗酒者的心血管疾病患病率高达 59%，肝硬化比不喝酒的人多 7 倍。另有研究报告表明，狂饮者的寿命比不饮酒的人短 20 年，死亡率比不饮酒的人高 2~3 倍。许多酒精中毒者，在 30~50 岁时常因冠心病和动脉应力下降而死亡，也有一些人死于肝硬化。

在进行交通管理时，为了客观判断驾驶员是否饮酒，可用各种检查仪器来进行检查。如果发现驾驶员行车中方向控制不稳，忽左忽右，车速忽快忽慢；遇见红色信号灯停不住或急刹车，绿色信号灯起步缓慢或停车不前，或者根本不管交通信号随意行驶；超车时过度跨出中心线；换档时动作不协调，发生极大响声；行车中过分冒失或者过分谨慎，该停不停或者该行不行时，可怀疑这些人是酒后开车，应令其停车检查。实验证明，1ml 血液中的酒精含量与呼出 2000~2100mL 气体中的酒精含量是相等的，根据这一原理就可推断出血液中的酒精含量。苏联的莫霍娃—申卡连科指示管，是利用溶于硫酸里的酪肝橙色溶液遇见酒蒸汽后变成绿色的原理制成的一种酒精检查仪。经改进后，它可直接确定驾驶员的酒醉程度。当酒精含量为 0.3‰时，指示管只有一半液柱由橙变绿；含量为 0.6‰时则全部液柱变成绿色。

为了预防驾驶员酒后开车，许多国家还采用了一些专门装置。例如，在仪表盘上安装气体分析器，该仪器遇到驾驶员呼出气体中的酒精蒸汽就切断点火线路。在加拿大，提出了在电气设备中安装检测器的方法。转动点火开关后，仪表盘上的 5 位组合数字被清楚的照亮而显示出来，经过 1.5s 后，组合数字消失。驾驶员应记住这些数字并应在 4.5s 内把它们重新排放在专门的信号盘上。如果他做到了这一点，发动机就自动接通；做不到这一点，经过几秒钟后，第 2 组数字又闪现出来。如果第 2 次仍未记住这些数字，点火系就被封锁，在 1h 时内发动机将不能启动。

三、吸烟与行车安全

驾驶员吸烟，对行车安全有很大影响。这主要是烟草中的有害物质对人体的危害造成的。在烟雾中有 1000 多种物质，其中含毒物质占 750 种，致癌物质 10 多种。最主要的有毒物质有尼古丁、一氧化碳、焦油和镉等。

一支烟含有 0.5~3mg 尼古丁，它占烟草质量的 1%~4%。当人吸入少量尼古丁时，能促进大脑皮层兴奋，有短暂提神解乏的感觉，但这种作用是由于尼古丁的毒性刺激引起的，随着毒性的增加，继而会对神经系统产生麻痹作用，降低心理功能。尼古丁使心肌增加对氧的需求，造成心脏活动耗氧过多；又因尼古丁使血管壁增厚，管腔变窄，导致人的呼吸和心理活动加快，进一步加大了人体对氧的需求。然而，烟雾中的一氧化碳又常常会造成人体缺氧。在尼古丁和一氧化碳的双重作用下，使人睡眠紊乱、精神恍惚、易于疲劳，继而使中枢神经系统受损，出现智力下降、记忆力减弱、思维迟钝、判断失误、反应不灵、动作失调，这些都会严重影响行车安全，更甚者会导致吸烟者缺氧而死亡。尼古丁在使人体血管壁增厚、管腔变窄的同时，还使毛细血管痉挛，血液循环受阻，血压升高，造成动脉炎、心肌梗塞和心绞痛。动脉炎使人体四肢远端坏死，手脚活动不灵，直接影响驾驶操作。据统计，长期吸烟的青年男子心肌梗塞的发病率比不吸烟的人高 12 倍。尼古丁与人呼吸系统气管壁上的黏液相溶后,还会使人患慢性气管炎;刺激胃肠粘膜,可使胃肠溃疡发病率增加 1 倍。尼古丁本身无致癌作用,但当它与其他致癌物质结合后,能促进癌细胞增长。试验表明,一个健康人一夜间吸 40 支纸烟和 14 支雪茄,其吸入的尼古丁可使人中毒致命。而将 1 支雪茄烟中的尼古丁提出,注入人体静脉,可使两人中毒死亡。

一支烟可产生 20~30mL 一氧化碳,它占烟雾总量的 3%~6%。一氧化碳与人血液中的血红蛋白的亲和力要比氧高 200 倍,所以它可使人血液失去输送氧气的功能,导致人体缺氧而死亡。通常,人们在吸烟时吸入的一氧化碳比工业上最大的允许浓度要高出 840 倍,可见其对人体的危害是何等的严重了。

烟中的焦油、镉等致癌物质一起吸入肺中,会引起肺癌。据统计,吸烟者的肺癌发病率比不吸烟者高 6~10 倍,致死性肺癌中有 95% 的人是吸烟造成的。据美国一位医生对 4 万多 35~54 岁的人跟踪 11 年调查发现,吸烟者的死亡率是不吸烟者的 2.5 倍,癌病死亡率是不吸烟者的 2.6 倍。

人长期处在吸烟产生的有毒烟雾中,还会产生视觉障碍。烟雾不仅从外部熏刺眼睛,使人视线模糊、注意力分散,而且通过血液循环,使视网膜受损,导致视野受限、中心视力下降甚至出现中心盲点。同时使人的辨色力发生障碍,分不清红、绿色信号。夜间吸烟会使驾驶员的暗适应能力下降,连吸 3 支烟的人其暗适应能力会下降 25%。烟雾中的有毒物质还可使人的听神经受损,导致听力下降。烟雾刺激鼻腔,使鼻黏膜干燥、充血,分泌物增多,引发鼻炎,使人的嗅觉灵敏度下降。此外,烟还可以使人的味觉麻木和迟钝。

综上所述,吸烟不仅影响交通安全,而且对人体及生命会带来严重危害。所以,我国道路交通管理条例第四章第二十六条十三款明确规定:驾驶员“不准驾驶车辆时吸烟……”至于车内其他人员也不应在车内吸烟,以保持干净、文明的乘车环境和避免驾驶员被动吸烟。

四、药物与行车安全

随着医药学的发展和人们生活水平的提高,未经医生允许而自己服药的现象也越来越普遍了。据苏联的资料指出,4%~20% 的驾驶员未经医生允许而自己服药,这往往给行车安全带来很大影响。奥地利科学家柯·瓦格涅尔在研究了 9000 例交通事故后发现,其中 16% 是因驾驶员服药引起的。

医学界的人们都知道,所有药物对驾驶机能都有潜在的危险,常见的危险是刺激或压抑中枢神经系统。不同的药物和剂量对驾驶员的心理、生理都可产生不同的影响。常见的药物按其临床作用大致可分为镇静剂、兴奋剂、抗菌素、抗过敏药物、治疗消化和心血管系统药物等。

镇静剂（巴比妥盐酸、利血平等）主要用来调节心境，治疗失眠或心理疾病。服用镇静剂后，能够在不减弱思维过程的情况下消除恐惧感、焦躁感、情绪紧张和不安感。但同时，又会冲淡感受外界事物的情绪，使人表现出冷淡、消极、肌肉活动力下降，并出现睡意。镇静剂本身对驾驶行为的影响较小，但与酒精一起作用时，其影响会大大加强。镇静剂的副作用是使人瞌睡、疲乏、眩晕、神经昏迷、说话含糊；一旦与酒精共同作用，根据其类型和剂量的不同，有可能损伤驾驶员的注意力、复杂反应时间和运动协调能力。德国人的一项研究表明，如果将巴比妥盐酸混以酒精服用，发生交通事故的比率上升77%。在模拟驾驶器上进行操作试验也表明，驾驶员识别交通信号、标志和标线的错误增加了，甚至会与其他转弯车发生冲突。在美国纽约，曾对1245名服用神经镇静剂的人做过2年调查，发现其中77%的人发生过一起以上交通事故，而未服药的驾驶员只有20%的人发生过一起交通事故。另一项研究表明，长期服用镇静剂的驾驶员其交通事故和违章都比其他驾驶员高。

兴奋剂（安菲他明、咖啡因等）是一种刺激中枢神经系统，增强大脑皮层兴奋过程的药物。它能改善思维活动，提高智力活动的积极性；消除睡意、降低疲劳感，振作精神，缩短简单和复杂反应的时间，提高警觉。由于该药有这些好处，致使某些驾驶员经常滥用。这种药的副作用是使肌体的某些抑制作用减退，以致过分自信、冲动，缺乏定向能力；警惕性和判断能力也会下降。长期大量服用咖啡等兴奋型的饮料，神经兴奋也会很快被疲劳、衰弱、抑郁和困倦等所代替，对行车安全也十分有害。

抗菌素（链霉素、卡那霉素等）是应用广泛的抗感染、消炎类药物，服用后往往使人头晕、耳鸣、恶心，还会使人的视觉和听觉受损、注意力减退；反应能力和动作协调能力下降。服用治疗感冒和解热、镇静类药物如阿司匹林、对乙酰氨基酚等同样可以产生以上副作用。

抗过敏药物（非那根、苯海拉明等）可使人头晕、困倦、思眠，感觉迟钝、情绪忧郁、记忆力衰退、精神不振。治疗晕车的药物也有上述类似副作用，驾驶员服后不仅会困倦瞌睡，而且动作也会出现呆滞、不协调，直接危害行车安全。

治疗胃、肠等消化系统和心血管系统的药品能导致瞳孔的扩大和收缩，使眼睛的调节能力和视力降低，视野范围缩小，目测能力减弱。

由以上各类药物的副作用可知，药物对驾驶机能的影响是不可忽视的，但因要发现和确定药物对驾驶员的影响是很困难的，所以药物造成的事故恶果必然会超出一般的统计数字。目前，各国的交通事故统计表明，由药物引起的事故占事故总数的 2% 左右，实际上药物引起的交通事故远远超过了这个比例。

为了防止药物造成交通事故，驾驶员在行车中要尽量避免服用上述药物，即使服用，也要结合自己的行车计划在医生的指导下科学服用。平时有病就医时，驾驶员必须主动向医生说明自己的职业和工作特点，以免服药不当而造成不应有的损失。

第四节　驾驶员的安全管理

在影响交通安全的人、车、路、法规诸因素中，人是主体，也是最重要的因素。然而，在人的因素中，驾驶员则是主要矛盾。如前所述，国内外的研究资料均证明，由驾驶员直接责任造成的交通事故占事故总数的 70%~90%。因此，我们在充分了解了驾驶员的心理、生理特性与交通安全的关系后，就要加强对驾驶员的安全管理，这对减少交通事故，确保人民生命财产安全以及提高运输企业的经济效益和社会效益都有着十分重要的意义。

一、驾驶员安全管理的内容

驾驶员的安全管理不管是对公安交通管理机关还是交通运输管理部门和运输企业都是一项十分重要的工作，也是整个交通安全管理工作的重点。作为公安交通管理机关要严格按照国务院发布的《中华人民共和国道路交通管理条例》和公安部第 28.29 号令，即《中华人民共和国机动车驾驶证管理办法》《中华人民共和国机动车驾驶员考试办法》对驾驶员进行管理。作为交通运输管理部门要按照交通部发布的《汽车驾驶员培训行业管理办法》《中华人民共和国机动车驾驶员培训管理规定》对驾驶员的培训进行管理。作为运输企业要配合公安交通管理机关和交通运输管理部门，结合自身企业的特点，按照国家有关交通法规、条例、标准和规范的要求搞好驾驶员的安全管理。交通运输企业驾驶员安全管理的主要内容有：

（1）研究驾驶员的心理、生理特性，定期进行职业适应性的检查，保证新上岗驾驶员和在职驾驶员都具有健康的心理、生理素质，并运用生物节律等现代科技知识指导行车安全。

（2）负责对驾驶员进行交通法规、职业道德、安全技术和相关知识方面的宣传和教育工作。

（3）组织对驾驶员的定期培训、考核和上岗证管理等工作。

（4）组织对驾驶员的日常安全检查，并协助公安交通管理机关做好驾驶员的审验工作。

（5）配合公安交通管理机关做好驾驶员的违章、肇事处理工作，并注意在事故处理过程中维护企业和当事人的合法权益，落实整改措施。

（6）管理好驾驶员的安全技术档案，并做好违章、肇事的统计工作。

（7）负责办理驾驶证的领、换、补发业务和考证、增驾等工作。

（8）组织开展"安全活动日""安全活动月"活动，制定完善安全操作规程，总结推广安全驾驶技术，积极搞好安全竞赛活动。

（9）研究驾驶员的作息制度、膳食结构、劳动保健等问题，搞好驾驶员的生活管理；做好驾驶员的家属工作，积极开展"贤内助"活动，支持驾驶员的工作。

（10）推行安全目标管理，建立以安全生产责任制为中心。

以上内容的驾驶员安全管理的各项规章制度，把驾驶员安全管理纳入企业标准化工作中去。

二、驾驶员职业适应性的选择

根据美国康涅狄格州对 3 万名驾驶员的驾驶记录进行调查，发现其中有 4% 的人在 6 年里发生了占总事故数 36% 的事故。我们把这 4% 的人称为具有事故倾向性的事故多发者，他们人数不多，但发生的事故却不少。其原因是这少数人在心理、生理特性方面存在着较大的个体差异性，正是由于这种差异性，使他们成为事故多发者，因此他们是不适应从事驾驶汽车工作的。所谓驾驶员职业适应性的选择，就是把那些不适宜从事驾驶汽车的少数事故多发者从驾驶员队伍中及时发现并剔除出去。

1. 驾驶员职业适应性选择的必要性

（1）有利于从那些初学驾驶汽车的人中剔除少数心理、生理素质不适宜者，节约大量培训费用，减少潜在的驾驶危险性。

剔除初学驾驶汽车的人中间那些少数心理、生理素质不适宜者，不仅可以节约大量培训费用，而且可以减少培训过程中被淘汰的驾驶员人数，提高合格驾驶员的工作可靠性，使交通事故发生频数大大减少。据苏联的调查资料可知，通过职业适应性的检查，可使培训驾驶员的费用节约 30%~40%，使驾驶员培训过程中被淘汰的人数减少 30%~50%，操纵汽车的可靠性增加 10%~25%，交通事故减少 40%~70%。人的心理、生理特性在很大的范围内因人而异，如对观察物的运动反应速度，人们彼此间几乎相差 4 倍；周边视力的范围相差 1.2~1.3 倍；单位时间内处理信息的数量相差 2.5~3 倍。

通过职业适应性选择，就可以把那些与常人心理、生理素质有较大差距的少数不适宜驾驶汽车者事先剔除出去，从而减少了潜在的事故危险性。

（2）有利于把那些因年龄增长引起心理、生理特性变化而不适宜继续从事驾驶汽车的在职驾驶员剔除出去，保证其驾驶员群体工作的可靠性。

随着年龄的增长，人的心理、生理特性会发生一系列的变化，可能有一部分人过去具有驾驶汽车的适应性，而现在却不适应了，这就要对他们进行定期的心理、生理检测，给予鉴别。对那些经过检测，不适应继续驾驶汽车的人，就要停止他们的驾驶工作以改换工种，或者根据变化了的心理、生理特性改换其驾驶车型。

2. 驾驶员职业适应性选择的内容

1）身体选择

身体选择是发现和排除其生理条件和健康状况不能胜任驾驶工作的人。我国公安交通管理机关目前在驾驶员的身体条件和健康状况方面，主要检查其视力、听力、辨色力、血压及循环系统、神经系统，另外还检查四肢、躯干、颈部的运动能力和身高。

2）文化选择

文化选择是发现和排除现有知识和文化水平不能胜任驾驶汽车的人。我国公安交通管理机关目前对驾驶员文化程度的要求是比较低的，即初中毕业为最低文化程度。事实上，根据汽车工业的发展，特别是电子技术在汽车上的普遍应用，把初中毕业作为驾驶员的最低文化程度标准已不能适应对职业驾驶员的要求。我们认为职业汽车驾驶员起码应具有职业高中的文化程度，才可以满足学习和安全驾驶的需要。

3）职业道德选择

职业道德选择是发现和排除那些精神风貌、社会公德、职业责任等不够健全，不适宜从事驾驶汽车的人。驾驶员的职业道德主要体现在优质文明服务、对社会对他人负责及遵章守纪、安全礼貌行车等方面。

4）心理品质选择

心理品质选择是发现和排除那些感知特性、反应特性以及个性心理特征不适宜驾驶汽车的人。心理品质选择是职业适应性选择中最主要、最关键的内容。这一工作在发达国家早已开展，我国近几年才刚刚起步，还有待进一步落实和提高。

5）驾驶技能选择

驾驶技能选择是发现和排除那些驾驶技能较差，安全经验不足的驾驶员。对于从事旅客运输的驾驶员，特别是大型客车和城市公共汽车、无轨电车的驾驶员，驾驶技能的选择尤其重要。我国公安交通管理机关对从事大型客车、无轨电车的驾驶员，要求其必须具有 3 年以上安全驾驶大型货车的工作经历。此外，还要求这些驾驶员的技术要熟练、操作要规范。

第五章　道路交通事故的管理与预防

第一节　道路交通事故概述

1991 年 9 月 22 日中华人民共和国国务院第 89 号令《道路交通事故处理办法》正式发布，1992 年 1 月 1 日起在全国范围内统一执行，至此，我国才有了一部全国统一的处理道路交通事故的法规。在此以前，各省、自治区、直辖市对交通事故的处理既不统一，也不规范，存在着较大的差异。这一方面给事故处理工作带来很多麻烦，另一方面又在社会上造成了不良的影响。根据国务院《道路交通事故处理办法》有关条款的精神，现将道路交通事故处理的基本知识和规定作以简明扼要的介绍。

一、交通事故的定义

道路交通事故是指车辆驾驶人员、行人、乘车人以及其他在道路上进行与交通有关活动的人员，因违反《中华人民共和国道路交通管理条例》和其他道路交通管理法规、规章的行为（简称违章行为），过失造成人身伤亡或者财产损失的事故。道路交通事故简称交通事故。这里必须指出的是这种简称有其特定的涵义，即它只指道路交通事故而不包括民航、铁路、水运等事故。单从"交通事故"一词中"交通"二字的字面涵义来讲，交通事故除道路交通事故外，还应包括民航、铁路、水运等各种交通事故，然而这里所谓的特定涵义限定了交通事故所囊括的范围。一般情况下，只要没有特别声明，交通事故仅指道路交通事故而言，并不包括民航、铁路、水运等交通事故，这已约定俗成，不必再加注释。

交通事故的定义明确了，但是在处理交通事故的实践中如何确认其事故是否属于道路交通事故往往是一个比较复杂的问题。仔细分析《道路交通事故处理办法》所称的交通事故的定义，我们可以发现构成交通事故的四个要素和三个常识性的条件。

1. 构成交通事故的四个要素

1）道路要素

只有在道路上发生车辆、行人碰撞等事故才算交通事故，非道路上的这类事故不能算作交通事故。这里所指的"道路"是指《中华人民共和国道路交通管理条例》中讲的"公路、城市街道和胡同（里巷），以及公共广场、公共停车场等供车辆、行人通行的地方"，除此以外的其他地方如铁路道口、渡口、机关大院、农村场院、乡间小道等均不属于"道路"，因此，在这些地方发生的车辆、行人的碰撞甚至造成人员伤亡和财产损失均不属于交通事故。

2）违章要素

违章是指违反《中华人民共和国道路交通管理条例》和其他道路交通管理法规、规章的行为。因违章造成的事故才算交通事故，没有违章行为而出现损害后果的事故不属于交通事故；有违章行为，但违章与损害后果无因果关系的也不属于交通事故。

3）损害后果要素

损害后果指人身伤亡或财产损失。因当事人违章行为造成了损害后果，才算交通事故；如果只有违章而没有损害后果则不能算作为交通事故。

4）过失要素

当事人主观过失造成后果才算交通事故；如果当事人出于故意造成损害后果则不能算作交通事故，这种情况只能用"刑法""治安管理处罚条例"去解决。这里需要说明的是，当事人的违章行为可能是故意的，但交通事故一定是过失的，也就是说，当事人在违章问题上可能是明知故犯，但对损害后果并非有意追求。例如，开"赌气车"的驾驶员一旦造成损害后果，应严格、准确地区分其主观心态是故意还是过失。这往往是一个复杂难辨的问题、应认真细致地分析、辨别。

所谓故意和过失是当事人的两种不同心态。故意是指当事人希望或有意放任损害后果的发生；而过失则是当事人因疏忽大意没有预见到应该预见的后果或已经预见而轻率地自信可以避免，以致发生损害后果。

2. 构成交通事故的三个常识性条件

1）当事人中必须有一方是车辆驾驶人员

事故各方当事人中必须有一方是车辆（包括机动车和非机动车）驾驶人员，如果各方都是步行的人，发生的损害后果不算交通事故。

2）事件必须在运动中发生

事件中至少有一方是在运动中，双方或多方都在停止状态下发生的事故不算交通事故。例如，汽车停在路边装货，因货物滑落导致人身伤害或财产损失则不算交通事故。

3）事件必须具有交通性质

交通事故指的是在与交通有关活动中发生的事故，非交通性质的活动中发生的事故不能算作交通事故。例如，军事演习、体育竞赛等活动中发生的人身伤亡或财产损失则不算交通事故。

只有掌握了以上构成交通事故的四个要素和三个常识性条件，我们就等于有了一个标准和一把尺子去衡量和确认交通事故，从而使其理性定义和实践辨别融为一体。今后不管遇到多么复杂的事故，我们都会轻而易举地去辨别和确认。

二、交通事故的分类

对交通事故进行分类，其目的在于分析、研究和预防、处理交通事故，分析的角度、方法不同，对交通事故的分类也不同。根据我国目前对交通事故的处理及交通管理与事故预防工作的需要，可将交通事故按以下四种方法分类。

1. 后果分类

后果分类法是根据交通事故所造成的损害后果的大小进行分类的一种方法。这种分类法是按现行事故行政处理和统计工作的需要进行的。

1）轻微事故

轻微事故是指一次造成轻伤 1~2 人；或者财产损失机动车事故不足 1000 元，非机动车事故不足 200 元的事故。

2）一般事故

一般事故是指一次造成重伤 1~2 人；或者轻伤 3 人以上；或者财产损失不足 3 万元的事故。

3）重大事故

重大事故是指一次造成死亡 1~2 人；或者重伤 3 人以上 10 人以下；或者财产损失 3 万元以上不足 6 万元的事故。

4）特大事故

特大事故是指一次造成死亡 3 人以上；或者重伤 11 人以上；或者死亡 1 人，同时重伤 8 人以上；或者死亡 2 人，同时重伤 5 人以上；或者财产损失 6 万元以上的事故。

按照国家统计局批准的交通事故统计范围的规定，轻微事故只作处理，不作统计。

其中事故等级划分标准中讲的死亡，在事故统计中以事故发生后 7 天内死亡为限；重伤，按司法部、公安部、最高人民法院、最高人民检察院发布的《人体重伤鉴定标准》执行；轻伤，按上述两部、两院发布的《人体轻伤鉴定标准（试行）》执行；财产损失是指交通事故造成的车辆、财产直接损失折款，不含现场抢救（险）、人身伤亡善后处理的费用，也不含停工、停产、停业等所造成的财产间接损失。

在事故处理中，死亡不以事故发生后 7 天内死亡的为限；重伤、轻伤同样按上述统计标准；财产损失还应包括现场抢救（险）、人身伤亡善后处理的费用，但不包括停工、停产、停业等所造成的财产间接损失。

2. 原因分类

任何交通事故的发生都有其原因，因此从原因上可以把交通事故分为两大类。即主观原因造成的事故和客观原因造成的事故。

1）主观原因造成的事故

主观原因是指造成交通事故的当事人本身内在的因素，如主观过失或有意违章。主要表现为：

（1）违反规定当事人由于思想方面的原因，不按交通法规规定行驶或行走，致使正常的道路交通秩序紊乱、发生交通事故，如酒后开车、非驾驶员开车、超速行驶、争道抢行、故意不让、违章超车、违章超载、非机动车走快车道、行人不走人行道等原因造成的交通事故。

（2）疏忽大意指当事人由于心理或生理方面的原因，没有正确观察和判断外界事物而造成的失误。如心理烦躁、身体疲劳都可能造成精力分散、反应迟钝，表现出瞭望不周；采取措施不当或不及时；也有的当事人凭主观想象判断事物，或过高地估计自己的技术，过分自信，引起行为不当而造成了事故。

（3）操作不当指驾驶车辆的人员技术生疏、经验不足，对车辆、道路情况不熟悉，遇有突然情况惊慌失措，引起操作错误。如有的驾驶员刹车时误踩油门踏板，有的骑自行车人遇紧急情况不知停车等而造成的交通事故。

3. 客观原因造成的事故

客观原因是指车辆、环境、道路方面的不利因素而引发了交通事故。客观原因在某些情况下往往会诱发交通事故，特别是道路、环境和气候方面的因素。对于道路和环境方面的因素目前还没有很好地调查和测试手段，所以在事故分析中往往会忽视这些因素，这一点需要引起我们的重视。

从交通事故的具体情况来看，一般地讲其原因往往不是单一的，但任何一起交通事故都有其促成事故发生的主要情节和造成事故损害后果的主要原因。在诸多的交通事故中，绝大多数都是因为当事人的主观原因造成的，而客观原因占的比重比较少。

4. 主体分类

根据构成交通事故的主体，可以把交通事故分为三类。

1）机动车事故

机动车事故指当事人中机动车一方负主要责任以上的事故。但在机动车与非机动车或行人发生的事故中，机动车负一半责任的，也应视为机动车事故。因为在道路交通参与者中，机动车相对于非机动车与行人为交通强者，而非机动车与行人则属于交通弱者。

2）非机动车事故

非机动车事故指畜力车、人力车、三轮车、自行车等非机动车负主要责任以上的事故。在非机动车与行人发生的事故中，非机动车一方负一半责任的应视为非机动车事故，因为非机动车与行人相比，非机动车属于交通强者，而行人则属于交通弱者。

3）行人事故

行人事故指在各方当事人中，行人负主要责任以上的事故。

5. 现象分类

交通事故的现象是多种多样的，为了分析研究方便起见，对交通事故现象可以作如下分类。

1）机动车之间的事故

机动车之间的事故包括碰撞、刮擦等现象，碰撞又可分为正面碰撞、追尾碰撞、侧面碰撞、转弯碰撞等。刮擦是车辆侧面接触的现象，刮擦可分为超车刮擦、会车刮擦等。

2）机动车对行人的事故

机动车对行人的碰撞、碾压和刮擦等事故属于机动车对行人的事故。其中碰撞和碾压往往导致行人重伤、致残或伤亡。刮擦相对前两者后果一般比较轻微，但有时也会造成严重后果。这类事故在我国比较多，做好这类事故的研究工作，对保障行人安全有重要意义。

3）机动车对非机动车的事故

机动车对非机动车的事故在我国主要表现为机动车撞压骑自行车人的事故。我国号称"自行车王国"自行车的拥有量居世界之首。有关自行车的事故在我国交通事故总数中所占比率超过30%，伤亡人数占交通事故伤亡总人数的25%左右，所以研究这类事故对减少交通事故是十分必要的。

4）机动车自身事故

机动车没有发生碰撞、刮擦等现象，而是由于高速行驶、转弯、调头或因机件失灵所造成的翻车、坠落等事故。

5）机动车对固定物体的事故

机动车与道路两侧的固定物体相撞的事故。如机动车碰撞路旁的电线杆、交通标志杆、护栏、树木及建筑物等事故。

三、处理交通事故的主管机关及其职责

国务院《道路交通事故处理办法》第四条明确规定"公安部是国务院处理交通事故的主管机关。县以上地方各级公安机关是同级人民政府处理本行政区域内交通事故的主管机关"。凡在中华人民共和国境内发生的交通事故，不论交通事故当事人的国籍、所属单位和部门有什么不同，均适用于这一条。如涉及外国人、无国籍人、港澳台同胞的交通事故；涉及军队、武装警察部队的车辆和人员的交通事故（包括双方都是军队、武装警察部队的车辆和人员）均无例外地适用这一条。只是对于享有外交特权或者豁免权的外国人，以及军人的某些处罚，则参照其他有关规定办理。

但是，对于铁路道口中以火车为一方，其他车辆行人为另一方的铁路道口交通事故，则按1979年国务院转发的铁道部、交通部、公安部关于《火车与其他车辆碰撞和铁路路外人员伤亡事故处理暂行规定》处理。这一规定明确了铁路道口发生的交通事故以铁路部门为主，地方公安机关参加的处理办法。依此可以知道，铁路道口发生的交通事故，不属于《道路交通事故处理办法》中所称的交通事故，所以其主管机关以铁路部门为主，地方公安机关只是参与处理而已。

关于处理道路交通事故的主管机关是公安部和县以上地方各级公安机关的规定一事还应作如下说明。

（1）除公安机关外，其他任何机关、团体、个人都无权处理交通事故。

道路交通事故可能会造成道路、林木、房屋、电力、通信等设施的损毁，涉及公路管理、林木管理、房产管理及其他设施的管理等，这些有关部门可以在公安机关处理交通事故的过程中提出要求和意见，但是不能代替公安机关处理交通事故，也不能采取措施妨碍交通事故的处理。作为事故当事人的一方，也不能以任何借口擅自处理交通事故，被害方的损失只能由公安机关在处理交通事故的过程中考虑给予解决。

（2）在公安机关内部，按照职责分工，应当由公安交通管理部门负责处理交通事故。

作为交通事故主管机关的公安部和县以上地方各级公安机关均设有交通管理部门，其职责是专门从事道路交通管理和事故处理工作。这些部门分别是公安部交通管理局，省、自治区、直辖市交通警察总队，地、市交通警察支队，县或市、市辖区交警大队，除此以外的其他公安职能部门无权处理交通事故。

公安交通管理机关的交通警察必须有3年以上交通管理实践经验，经过专业培训，考试合格，由省、自治区、直辖市公安交通管理机关颁发证书，方准处理一般事故以上的交通事故。

（3）公安交通管理机关内部处理交通事故的具体分工。

县或市、市辖区公安交通管理机关负责处理本县或市（区）内发生的交通事故，也可以经本级公安机关批准，指定其下属公安交通管理机关处理辖（区）内的轻微事故和一般事故。直辖市、地区（市）公安交通管理机关，负责处理辖区内发生的案情复杂和涉外的交通事故，未设交通管理机关的地方，可经地区（市）公安机关批准，由乡、镇公安派出所处理轻微事故。

上级公安交通管理机关可以处理下级公安交通管理机关管辖的交通事故，也可以把自己管辖的交通事故交由下级公安交通管理机关处理。

公安交通管理机关处理交通事故实行分级负责，领导审批制度。

（4）交通事故发生地管辖不明或者管辖权有争议时的交通事故处理。

交通事故发生地管辖不明的，由最先发现或最先接到报案的公安交通管理机关立案调查，管辖确定后移送有管辖权的公安交通管理机关处理。管辖权有争议的，由争议双方协商解决，协商不成的，由双方共同的上级公安交通管理机关指定管辖。

公安交通管理机关处理交通事故的职责是：处理交通事故现场、认定交通事故责任、处罚交通事故责任者、对损害赔偿进行调解。

1.处理交通事故现场

处理交通事故，首先遇到的是对现场的处置。处置现场包括紧急、临时、必要的一切措施，例如抢救伤者、抢救财产、现场勘查、疏导交通并恢复交通秩序，以及防止证据散落、灭失等措施。

处理交通事故现场意义重大，它关系到伤者的生命安危，关系到公私财产的安全，关系到为认定交通事故责任而收集证据，也关系到处罚与调解工作的进行。因此，在处理交通事故现场时，必须做到周密细致、尊重科学、实事求是、全面不漏。处理现场带有极强的临时处理性质，因此还应当强调迅速有效。

2. 认定交通事故责任

交通事故的当事人是否应当承担法律责任、承担何种法律责任以及法律责任的大小，完全依赖其是否承担交通事故责任以及承担多大的责任。公安交通管理机关处理事故的原则是"以责论处"，所以说正确认定事故责任是事故处罚和赔偿调解的基础。因此，认定事故责任必须依法办事、不徇私情、全面分析、综合评定。交通事故责任分为全部责任、主要责任、次要责任和同等责任四种。

3. 处罚交通事故责任者

对于应当承担交通事故责任而构不成肇事罪的当事人，公安交通管理机关依据行政法规的规定给予处罚，以达到教育当事人的目的。处罚的种类包括吊扣、吊销机动车驾驶证、拘留、罚款和警告。对于交通肇事犯罪，事实情节清楚、证据确凿充分的案件，在移送人民检察院的同时应吊销其当事人的机动车驾驶证。

4. 对损害赔偿进行调解

交通事故中发生的损害赔偿，就其法律性质而言属于民事责任的范畴。根据我国公安机关处理交通事故的实践经验和当事人的要求，由公安机关对赔偿先行调解，有利于尽快结案，方便当事人，同时能在各方自愿的基础上保障其合法权益；即使以后向法院提起民事诉讼，该调解活动和意见也可以作为审判时的参考。

四、处理交通事故的程序、要领及原则

处理交通事故必须按照一定的程序进行，同时要严格掌握处理事故的要领和原则，因为这项工作本身是一项技术性和政策性都很强的工作，只有掌握其处理程序、要领和原则，才能科学高效、严肃认真地处理好每一起交通事故。

1. 处理交通事故的程序

处理交通事故必须牢牢掌握以下六项工作要领：

（1）客观事实为依据；

（2）交通法规是准绳；

（3）现场勘查是基础；

（4）因果分析是关键；

（5）责任认定是核心；

（6）以责论处为原则。

2.处理交通事故的原则

处理交通事故的总原则是以责论处。认真执行这个原则，有利于强化交通法规，提高交通效能，减少交通事故，保障道路交通安全、畅通。在事故处理过程中，还应遵循以下几个原则：

（1）对事故当事人的行政责任、刑事责任和民事责任同时分别追究的原则；

（2）对事故造成的车物损坏、牲畜死残进行修复和折价赔偿的原则；

（3）对人身伤害造成的经济损失进行补偿的原则；

（4）事故处理法规的"属地主义"原则，即凡是在某一空间领域有效的事故处理法规，对于一切在该领域、到该领域或者通过该领域的人都有效的原则；

（5）伤残评定、责任认定的终裁机关是公安交通管理机关的原则。

五、交通违章及处罚

交通违章是指人们违反《中华人民共和国道路交通管理条例》和其他道路交通管理法规、规章的规定，妨碍交通秩序和影响交通安全的过错行为。通常所说的交通违章，不包括因违章而造成的交通事故。但对于因违章造成交通事故的处罚，除依法需要追究刑事责任和另有规定的外，仍按这里介绍的程序进行。

交通法规属于国家行政法规。违反行政法规的行为，除少数情节恶劣、后果严重而触犯刑律的称为犯罪外，一般情节比较轻微，未造成严重后果的行为称之为"违章"，所以，交通违章是一种过错行为，只具有轻微的违法性质。

尽管交通违章不包括因违章而造成的交通事故，但交通违章与交通事故却有着密切的关系。在长期的实践中，通过对交通事故直接原因的分析，人们逐步认识到，不管什么具体原因所造成的交通事故，在肇事前大都有违章现象发生。这就是说违章是事故的前因，事故是违章的后果。

1.交通违章的特征

交通违章一般都有以下四个特征。

1）交通违章有行为的主体

行为主体一般是达到法定责任年龄（14岁），具有法定责任能力的自然人或法人。未达到法定责任年龄或无法定责任能力的自然人，如儿童、精神病患者，他们也可能有违章行为，但一般不予追究。

2）交通违章必须有被行为侵犯的客体

被侵犯的客体是国家对交通的管理活动和社会交通秩序，即秩序良好、安全畅通、低污染、低噪声的交通环境。不可否认，交通违章是对交通法规权威性的蔑视和破坏，但它先破坏的是交通环境。

3）交通违章者在其主观方面有过错

违章者的违章行为或属故意，即明知故犯；或属过失，即行为不慎。

4）交通违章者在客观方面有作为

违章者的交通违章行为有作为（法规禁止做的，违章者去做）和不作为（法规要求做的，违章者却不做）两种。如果仅仅是有违章思想活动，而未发生事实，则构不成违章。

2. 交通违章的分类

交通违章可按其违章行为的情节和内容分别有两种不同的分类方法。

（1）按照交通违章行为的情节可分为一般违章和严重违章两类。

①一般违章。一般违章是指触犯交通规章，有碍交通管理的行为。如车容不洁、牌号字迹不清、行车不带驾驶证和行驶证、违反停车有关规定、废气和噪声超过规定标准等。

②严重违章。严重违章是指危及交通安全，有可能导致交通事故的行为。如无证驾驶、酒后驾驶、超速驾驶；超载超员；学习驾驶员单独驾驶；驾驶未经检验或安全设备不全的车辆；伪造、涂改、挪用、转借牌证；自行车离把行驶或带人；非机动车与机动车抢道；行人不走人行道或在车辆临近时横穿道路等。

无论一般违章还是严重违章，都必须加以限制，以减少直接或间接的事故隐患。

（2）按照违章行为的内容可分为行人和乘车人违章、非机动车驾驶员违章、机动车驾驶员违章、挖掘占用道路违章四种。

①行人和乘车人违章。这种违章如行人不走人行道、过街不走人行横道；候车不在指定站台或地点、车辆行驶中乘客将头伸出车外等。

②非机动车违章。这种违章如非机动车在机动车道上行驶，骑自行车的人双手离把等。

③机动车驾驶员违章这种违章如机动车违反速度、超车、会车和让车等安全行驶的规定以及酒后驾车等。

④挖掘占用道路违章。这种违章如未经公路管理部门和公安部门批准挖掘公路或

在公路堆放其他建筑材料；未经市政管理部门和公安部门批准任意在城市街道摆摊设点、停放车辆等。

3. 交通违章的处罚原则

公安交通管理机关对交通违章的处罚，一般按以下原则进行。

1）实事求是、依法办事的原则

实事求是是指从实际出发，不主观武断，对事态既不扩大也不缩小；依法办事就是在弄清事实的基础上，对照有关法规严肃处理，既不宽容，也不过分，正确行使职权。

2）教育与处罚相结合的原则

交通违章是一种轻微违法行为，其根源在于人们头脑中的旧习惯势力以及法治观念淡漠，因而只有对违章者进行必要的遵纪守法教育，才是根治违章行为的主要办法。但伴有必要的处罚，仍是保护大多数人的交通合法权益，也是保持良好的社会风尚的必要措施。

3）根据违章情节，区别对待的原则

交通违章行为既有主观因素，也有客观因素；违章情节有轻有重；违章者的认识态度也有好有差。因而必须合情合理、区别对待，只有这样，才能达到教育大众的目的。

4）以礼待人、以礼服人的原则

交通管理人员应该牢固树立为人民服务的思想，在值勤和处理交通违章时，说话要文明，待人有礼貌，严禁侮辱、刁难甚至打、骂违章人，力争做到使违章人心悦诚服。应该耐心向违章人指明违反交通法规那一条，向其讲明违章的危害性，并根据违章人的违章行为情节和认识态度，对照《交通管理处罚程序规定》《中华人民共和国治安管理处罚条例》《中华人民共和国道路交通管理条例》有关条款进行处罚。

4，交通违章的处罚种类

如前所述公安交通管理机关对有违章行为的人应坚持教育与处罚相结合的原则，根据违章情节，可采取向所在单位发送行为人违章通知书或者组织学习交通法规、协助维护交通秩序等教育措施，并可酌情从轻、减轻或免除处罚。这充分体现了教育为主、处罚为辅的原则。

依据《中华人民共和国治安管理处罚条例》《中华人民共和国道路交通管理条例》等法规的规定，交通违章的处罚主要有以下六种：

（1）警告；

（2）罚款 1~200 元；

（3）拘留 1~15 天；

（4）吊扣驾驶证 1~6 个月，情节严重时，不超过 12 个月；

（5）暂扣证件、号牌和车辆（实质为实现处罚的暂时措施）。

这里必须指出的是违章拘留是一种行政处罚措施，所以也叫行政拘留，它与刑事拘留、司法拘留和拘役在性质上有原则区别。尽管它们都是对当事人人身自由的短期限制，但行政拘留的当事人是违反行政法规的责任者，不能剥夺其政治权利和其他合法权利；而刑事拘留、司法拘留和拘役的当事人则是犯罪嫌疑分子或犯罪分子，他们是触犯刑律者。

5. 交通违章处罚的裁决

1）裁决权限的划分

对违章行为的处罚，一般由县或市、市辖区公安交通管理机关依法裁决；需要吊扣 6 个月以上驾驶证的，应当报请上一级公安交通管理机关裁决；需要给予拘留的，应当报请县或市、市辖区公安局、公安分局裁决。

警告、50 元以上罚款、吊扣 2 个月以下驾驶证，可以由城市相当于公安派出所一级的交通警察队或乡镇交通警察队裁决；在没有交通警察队的农村地区，警告、50 元以下罚款，可以由公路沿线的公安派出所代为裁决。

2）不服裁决时的申诉、复议和诉讼

被处罚人不服公安交通管理机关的警告、罚款裁决或者拘留裁决的，可在接到通知后 5 日内向主管公安机关或者上一级公安交通管理机关申诉，主管公安机关或者上一级公安交通管理机关应当在接到申诉后 5 日内作出裁决；不服主管公安机关或者上一级公安交通管理机关裁决的，可在接到通知后 5 日内向当地人民法院提起诉讼。

被处罚人不服公安交通管理机关吊扣驾驶证裁决的，可以在接到裁决书后 5 日内，向上一级公安交通管理机关或者主管公安机关申请复议一次，上一级公安交通管理机关和主管公安机关应当在接到申请后 5 日内作出复议决定。

被处罚人不服公安交通管理机关暂扣证件、号牌和车辆处理的，可在 15 日内向主管公安机关或者上一级公安交通管理机关申请复议，主管公安机关和上一级公安交通管理机关应当在 2 个月内作出复议决定；对复议决定不服的，可在 15 日内向当地人民法院提起诉讼。

对超过规定时限提出申诉、复议和诉讼的，或者对当场处罚决定不服提出申诉的，可以作为人民来信来访处理。

3）交通违章处罚的法律文书

对交通违章行为给予警告、罚款和吊扣驾驶证处罚的，按照公安部1988年7月9日发布的《交通管理处罚程序规定》填写法律文书。给予拘留处罚的，按照公安部1986年10月发布的《关于贯彻执行〈治安管理处罚条例〉的通知》（［86］公发29号文件）的规定填写法律文书。法律文书按统一式样由县以上公安交通管理机关自行印制，执行中如需增加其他文书，由省、自治区、直辖市公安交通管理机关自行制定。

6. 交通违章处罚的方式

根据公安部发布的《交通管理处罚程序规定》《交通管理处罚程序补充规定》，对交通违章者的处罚基本上有三种方式。

1）由交通警察对违章人的当场处罚

对违反交通管理的人处警告、50元以下罚款，或者罚款数额超过50元、被处罚人没有异议的，可以由交通警察当场处罚。当场处罚时，应填写当场处罚决定书，交给被处罚人。

2）传唤违章人到公安交通管理机关接受处罚

对于不接受当场处罚、需要给予吊扣驾驶证或拘留处罚的，应当将其传唤到公安交通管理机关。传唤可以口头方式或者使用传唤证。对无正当理由不接受传唤或者逃避传唤的，公安交通管理机关可以强制传唤。经讯问、查证，违章行为事实清楚的，应依法作出裁决。

裁决应当填写裁决书，并立即向本人宣布。裁决书一式三份，一份交被处罚人，一份交被处罚人单位（对外县、市机动车驾驶员给予拘留、吊扣驾驶证处罚的，可将裁决书和被吊扣的驾驶证一并寄送驾驶证上注明的发证机关），一份存公安交通管理机关。

3）对当场未交罚款，未按规定时间交出被吊扣驾驶证的违章人的处理

受罚款处罚的人当场未交罚款的，公安交通管理机关对机动车驾驶员，可以暂扣驾驶证或行驶证；对非机动车驾驶员，可以暂扣车辆；对于其他人员，无正当理由不交纳罚款的，可以按日增加罚款1~5元。

暂扣驾驶证、行驶证或车辆的，公安交通管理人员应给被处罚人开具暂扣证件、车辆凭证，并限定交款时间（原则上不超过24小时）和地点。收到罚款后，应当同时将驾驶证、行驶证或车辆归还本人。

公安交通管理机关对受吊扣驾驶证处罚的人，无正当理由不按规定时间交出驾驶证的，迟交1日增加吊扣期限5日。

公安交通管理人员在收到罚款或吊扣的驾驶证后，应当场给被处罚人开具收据，罚款也要全部上交国库。

暂扣凭证有效期不超过 3 日，需要延长的，经交通警察中队或者相当这一级的交通警察中队负责人批准，可以延长 1~7 日；经县或市、市辖区交通警察大队负责人批准，可再延长 1~10 日。上述期限届落后需要继续扣押的，必须报经主管公安机关或者上一级公安交通管理机关批准。但最长不能超过一个半月。暂扣期限自暂扣执行之日起计算，但被暂扣证件、号牌和车辆的人，不在暂扣凭证有效期内到公安交通管理机关接受处理的，自本人到公安交通管理机关接受处理之日起计算。被暂扣证件、号牌和车辆的人超过半年不到公安交通管理机关接受处理或者经通知超过半年不来领取的，应将车辆上交财政部门，证件、号牌予以注销。

7. 交通违章处罚的其他规定

1）滞留车辆的规定

对酒后驾驶机动车、过度疲劳驾驶机动车、无证驾驶机动车、患有妨碍安全行车的疾病驾驶机动车、驾驶与准驾车型不相符合的机动车以及机动车装裁违反交通法规规定等情况，除依法处罚外，对无其他驾驶员代替驾驶或者违章行为尚未消除，不能立即放行的车辆，可以采取滞留措施，将车辆移至不妨碍交通的地点或公安交通管理机关指定的地点停放。滞留原因消失后、应立即予以放行。

2）其他有关暂扣证件、号牌、车辆的规定

除对于当场未交罚款的违章人可以暂扣证件（机动车驾驶员）和车辆（非机动车驾驶员）外，还有其他一些情况也可以暂扣证件、号牌和车辆。如驾驶转借、涂改、挪用、冒领号牌或行驶证的机动车，违章停放车辆、严重影响道路畅通或交通安全而驾驶员不在现场的，均可以视情暂扣车辆号牌；驾驶转向器、制动器等机件不符合安全要求的机动车，当场不能修复的，驾驶无号牌或无行驶证的机动车的，车辆号牌或发动机、底盘号码与行驶证记载不符的，非法安装警灯、报警器的，造成交通事故或有肇事重大嫌疑的，可以暂扣车辆或行驶证；违章行为需要进一步查清的，对当场处罚有异议的，需要给予裁决处罚的，醉酒驾驶机动车的，转借、挪用、涂改、伪造、冒领机动车驾驶证的，违章造成交通事故的，均可以暂扣其驾驶证副证或暂扣其驾驶证。被暂扣机动车驾驶证副证的驾驶员，在暂扣凭证有效期内，可以持本人驾驶证正证和暂扣凭证驾驶车辆。

第二节 道路交通事故的现场处理

道路交通事故现场处理的内容包括：当事人的现场责任、公安交通管理机关的现场措施（包括暂扣权、紧急使用权及其他紧急措施等）、当事人和保险公司的预付责任、医疗单位和殡葬服务单位的抢救伤者及存放尸体的责任等。现场处理由公安交通管理机关负责，各方当事人及其所在单位要给予积极配合。通过现场处理可以及时采集与事故有关的各种物证和材料，以便查清事故原因，为认定交通事故责任，处理交通事故责任者以及对损害赔偿进行调解打下基础。汽车运输企业安全管理人员在配合公安交通管理机关做好现场处理工作中，应积极主动分析事故的因果关系，以便对公安交通管理机关认定的事故责任是否明确做到心中有数。只有这样，才能维护企业的合法权益，也利于对驾驶员进行安全教育和采取必要的防范措施。

一、交通事故现场及当事人的现场责任

1. 交通事故现场

交通事故现场是指发生事故的车辆和伤亡人员以及同事故有关的痕迹所在的地点与空间，包括其中的车辆、人员、牲畜和遗留的痕迹、散落物等。

根据发生交通事故后现场的变动情况，可将其分为原始现场和变动现场两类。

1）原始现场

原始现场是指事故发生后，车辆、人员、牲畜和一切与事故有关的痕迹、散落物均保持事故发生后的原始状态而没有遭到任何改变或破坏的现场。

2）变动现场

变动现场是指由于某种人为的或自然的原因，使事故的原始状态发生改变的现场。改变事故原始状态的原因很多，通常有如下几种情况。

（1）抢救伤者为了抢救事故受伤者而移动有关物证的位置或变更死者原来的倒卧位置。

（2）保护不当由于未及时封闭现场，有关痕迹被来往车辆和行人碾踏，使痕迹不清或消失。

（3）自然破坏由于雨、雪等自然因素使事故痕迹不清或消失。

（4）允许变动有特殊任务的车辆，如消防车、救险车等肇事后经允许驶离现场，

或者为了避免交通阻塞，经允许移动车辆或有关物证。

（5）车辆驶离发生事故后，车辆驾驶员无意（未发觉）或有意（逃逸）将车辆驶离现场。

从现场勘查角度讲，由于原始现场保持了事故发生后的本来面貌，因此比变动现场取得的资料更加可靠。一般情况下，事故现场应尽量维持原始状态，即便是为了抢救伤员，也应注意不触及与抢救无关的物件与痕迹。为了使现场的原貌不因人为的或自然的原因破坏，事故发生以后，就必须及时和有效地保护事故现场。

2. 交通事故当事人的现场责任

发生交通事故后，保护事故现场是当事人重要的现场责任，当事人围绕保护现场这一责任应承担的工作主要有以下几点：

1）发生事故的车辆驾驶员必须立即停车

车辆驾驶人员在已知或者怀疑发生了交通事故后（有时虽然车辆与受害者无直接接触，但也可能对造成的损害有因果关系）应立即采取制动措施，把车停下来，并尽可能保持车辆在事故中的原始、延续状态。若车辆已驶出现场或者停车位置妨碍交通、影响安全（如高速公路上发生事故）需将车辆移开的，应靠路右边停车，并按有关规定，拉紧手刹制动、切断电源、开启危险信号灯，夜间还需开示宽灯、尾灯。驾驶员下车后应首先查看现场，确认事故是否已经发生，被害人和有关车辆的伤损情况，待确认后应在车后设置警告标志。不得明知发生了交通事故仍驶离现场。

2）当事人必须保护现场

当事人指交通事故涉及的各方人员，包括车辆驾驶人员、行人、乘客及其他有关人员。其中既可能有应负交通事故责任的，也可能有不应负交通事故责任的；既可能有加害人，也可能有被害人。当事人应在交通警察到来之前，用绳索等设置保护警戒线，防止无关车辆、人员进入，避免现场遭受人为或自然破坏。同时，应尽量做到不妨碍交通，避免再次发生交通事故。移动死、伤者和车辆、财物时，应标记其原始位置。

3）当事人应抢救伤者及财产

及时正确地抢救，能挽救许多伤员的生命，预防并发症和残疾。因此，当事人确认被害者的伤情后，需视伤情采取止血、包扎、固定、搬运和心肺复苏等紧急救护措施，并设法送往就近医院抢救治疗。除未受伤或虽有轻伤而本人拒绝去医院诊断者外，一般可以拦搭车辆或者通知急救部门、医院派救护车前来抢救。边远偏僻地区无过往车辆时，也可以驾驶肇事车辆将伤者送医院抢救，但应尽量安排好现场的保护工作。对现场散落的物品及被害者的钱财应妥善保管，注意防盗防抢。在有可能发生失火、爆炸的情况下，应及时排除险情，并将伤员、死者尸体和财物移到安全地带。

4）当事人必须迅速报告公安交通管理机关或者执勤交通警察，听候处理

当事人在事故发生的当时或采取上述各项措施后，还应将事故发生的时间、地点、肇事车辆及伤亡情况，用电话或委托过往车辆、行人报告附近的公安交通管理机关或执勤交通警察，在警察到来之前绝不允许随便离开。不容许拖延迟报，更不允许隐匿不报或自行和解损害赔偿而不报告。

其他过往车辆驾驶人员和行人尽管与事故的发生无因果关系，但也应基于人道主义精神和职业道德，协助当事人保护现场，抢救伤者和财产并及时报案。特别是在当事人求助或现场仍有险情的情况下，不得视而不见，见死不救。

二、交通事故处理机关的现场措施

处理交通事故现场是公安交通管理机关的职责。现场处理指公安交通管理机关接到报案后采取的一切现场措施，主要包括以下几个方面。

（一）立即派人员赶赴现场

公安交通管理机关接到交通事故报案后，必须认真做好报案记录，尽快派专业人员或有专门知识的人员赶赴现场。属于重大、特大事故的，应立即向上级公安交通管理机关或有关部门报告。不属于自己管辖的，移送主管部门，并通知当事人。

发生重大、特大事故、涉外交通事故，地、市公安交通管理机关应当派员到现场指导勘查。必要时应当商请人民检察院派人员到达现场。省、自治区、直辖市公安交通管理机关认为必要时也应当派人员到现场指导勘查。

经管辖地公安交通管理机关现场勘查，属于交通事故的，填写《交通事故立案登记表》；不属于交通事故的，由事故处理机关负责人批准，并书面通知当事人。

（二）保护现场，清除隐患和危险

到达事故现场后，公安交通管理机关应当首先对现场概况全面了解，其次划定现场保护范围。在夜间或高等级公路事故现场，还须在安全距离外设明显的警告、引导标志与安全设施，必要时可封闭现场，严禁无关人员进入。对现场的遗留物品、痕迹做好标记（包括移动部分），尽量少移动有关物品。对现场泄漏的易燃物、有毒物要及时、妥善地处理，以防诱发其他事故，使损害扩大。

（三）抢救伤者，保护财产，及时追缉肇事逃逸者

公安交通管理人员发现事故受伤人员尚未离开现场时，应立即对其进行必要的现

场急救，对重伤者应迅速送往医院或通知医疗救护单位前往急救。对现场遗留的财物，除物证外，应该及时发还当事人；暂时无人认领的，要妥善保管，登记造册；暂时无法移动的，要指定当事人一方或者有关人员守护，并设置明显标志，防止财物被盗和被抢。

交通事故当事人逃离或者驶离现场，公安交通管理机关要及时布置追缉，必要时可以向有关地区公安交通管理机关发出协查通报。收到协查通报的公安交通管理机关应当按照通报线索组织查缉，并将查缉结果通知发报单位。逃逸或者驶离现场的车辆查获后，发出协查通报的机关应当及时撤销通报。

在抢救伤者和追缉逃离或驶离现场的交通事故当事人的紧急情况下，公安交通管理机关现场没有足够交通工具和通信工具时，在说明情况并出示证件后，可以无偿使用单位或者个人的交通工具和通信工具，单位和个人不得拒绝。公安交通管理机关使用上述工具完成任务后，应该立即归还原单位或个人，不得利用上述工具办非紧急业务或私事。使用上述紧急使用权造成工具损坏的，应当修复或者折价赔偿。

（四）现场勘查，收集证据

现场勘查，收集证据是指运用科学的方法，对事故现场进行实地勘验和检查，并将有关证据提取、固定下来的整个过程。其工作内容主要包括以下几点：

1. 现场勘测

对事故现场的道路、肇事车辆、有关痕迹、物品等要进行实地勘查和测量，同时做好勘测记录。如测量道路宽度、停车位置、制动拖印长度，测量尸体、受伤人、血迹的位置，测量血迹、散落物的散布面积，测量有关交通元素的行进路线和位置，测量车辆肇事接触点的位置、面积和深度等。每勘查或测量一项内容，都必须随时做好现场记录，记录要认真仔细，现场勘测人员还应签名或盖章。

2. 采集物证

对车辆肇事接触部位黏附的物体，如漆皮、纤维、木屑、毛发、皮肉、血迹等要及时检查，采集这些物体的标本作为物证。对事故现场和当事人体内有可能因时间、地点、气象原因灭失的痕迹或证据应及时提取；对饮酒或者使用毒品的当事人如拒绝提取血液，并有反抗行为的，可以使用约束带或者警绳强制提取，提取完毕后必须立即解除。现场勘测和采集物证必须符合中华人民共和国安全行业标准 GA41-92《道路交通事故痕迹物证勘验》的规定。

3. 绘制现场图

现场图是用规定的符号，对现场的车辆、人体、物体、痕迹等的位置、相互关系的真实写照。用现场图可以把现场的情况真实地、形象地、简明地记录下来。绘制现场图应符合中华人民共和国公共安全行业标准 GA49-93《道路交通事故现场图绘制》的规定。现场图的绘制和标注应全部在事故现场完成，完成后还应在现场核对，做到及时修改和完善，最后现场勘查员和绘图员要签名或盖章。当事人在现场的，可以要求本人签字；当事人不在现场或无能力签字的，应当由见证人签名或盖章；无见证人或当事人拒绝签字的，应当记录在案。

4.现场拍照或录像

用摄影或录相等手段，可以记录现场地貌、车辆、尸体、痕迹及散落物的情况。对于变动现场，拍照和录相前应将伤者原始倒卧位置或者尸体、物体原始位置用白线画出，使照片或录相尽可能反映原始现场的情况。现场拍照应符合中华人民共和国公共安全行业标准 GA50-93《道路交通事故勘验照相》的规定。

5.现场实验

现场实验是利用现场条件，通过简单的实物实验，用模拟或推断的方法，来研究动态运动规律和事故的成因的一种方法。如在现场条件下，对肇事车辆进行简单的性能实验，检查其制动性能、操纵机件的状况以及驾驶室视野等，查明它们与事故的关系。不是每一起交通事故都要进行现场实验，而是根据勘查事故现场的需要，在必要时才进行现场实验。

现场勘查，收集证据的工作通常分两步进行。首先是不触及勘察对象和不改变其位置的勘查；其次是可以移动或翻转勘查对象的勘查。前者是为了取得车辆、尸体、痕迹、散落物的原始位置状态，故称为静态勘查；后者则在于进一步发现物证，深入探讨痕迹形成过程，模拟动态实验，以便全面掌握勘查对象的实际情况，故称为动态勘查。

（五）现场调查、取得证据

现场调查是现场处理的重要环节，通过现场调查，往往可以取得现场勘查无法找到的证据，其主要内容包括人、车、路诸因素的调查。

1.人的因素调查

人的调查对象主要是事故当事人和目击者。调查当事人中的驾驶员、行人的行动及其心理、生理背景，往往可以发现导致事故的重要原因。调查询问目击者，往往可以收到有关事故情节的重要材料，特别是当事人有意回避的情节和材料。

1）调查要求

（1）重点在事故现场当面调查。一般情况下，应要求调查员在了解事故梗概以后，立即与事故当事人、目击者面谈，因为此时被调查者对于事故残留的记忆犹新，当事人心理上也可能愿意提供真实情况。若事后再去调查当事人，其对事故经过的回忆往往朝着对自己有利的方面发展。另外随着时间和环境的变迁，亲属、好友及其他人的意见可能介入，使其所反映的问题与事故真相距离会更远，调查也愈加困难。

（2）调查前，调查员应对事故梗概有所了解要从当事人或目击者中得到可靠的证言是难度比较大的一项工作。因为多数事故都是在一瞬间发生的，要求目击者在尚未反应过来时，就搞清楚冲突情况和当时的现场动态往往是不可能的；事故当事人有时对自己的行动也说不清楚；对当事人自己不利的情节即便清楚也不会主动提供。因此，在调查中，调查员对要调查的问题应基本上心中有数，要特别注意观察被调查人的形神、动态，以此鉴别其证言的真伪。

（3）调查要做出切实准确的记录。调查记录要按被调查人陈述的语言、语气来书写，不要进行任何加工，不清楚之处可以要求被调查人重述。调查结束时，记录要经被调查人过目。被调查人有权对记录内容提出修改和补充意见。当认为记录内容与自己的陈述、证言相符时，应在记录上签名或盖章。被调查人若拒绝在记录上签章，应说明情况附于记录内。

2）调查内容

调查内容要根据被调查对象和调查目的确定，做到有的放矢。对不同调查对象的调查内容要点如下。

（1）对肇事驾驶员和行人的调查内容要点

①交通环境、车间距离、行驶速度和行驶路线；

②发现情况时，各自所处的位置及采取的相应措施；

③驾驶员与行人的个人简历及安全常识；

④驾驶员与行人的安全意识、职业道德、违章动机和违章内容；

⑤驾驶员与行人的心理、生理状态；

⑥驾驶员的操作技能及对所驾车辆的结构、性能的熟悉程度。

（2）对目击者的调查内容要点

①目击者在事故发生过程中的所见所闻；

②目击者发现事故发生时所处的位置和观察角度；

③目击者看到的现场变动情况；

④目击者本人及其提供的其他见证人的姓名、性别、年龄、身份和单位；

⑤目击者和其他见证人与事故当事人的关系。

在调查交通事故目击者时，必须注意到目击者的证言在很大程度上受着本人职业、文化素养和生活经历的影响。一般情况下，表现为同情弱者，不能过大地推测或夸张冲突速度。如果忽略了这一点，就会使调查材料失真。

2.车辆因素调查

车辆因素调查就是对现场肇事车辆进行的技术性及外观检查，其目的是了解车辆的有关结构、性能、肇事时的技术状况以及它们对事故所产生的影响；同时了解事故所造成的车辆破损情况。

车辆因素调查的内容主要有：

1）车辆结构特征

与车辆结构有关的特征如厂牌、型号、外廓尺寸、轴距、轮距、制动机构与转向机构的类型、轮胎的型式、胎面花纹式样和磨损情况等。

2）车辆的乘员和装载情况

乘员的多少及乘座位置等情况；载物的种类、固定和超载等情况。

3）出事后操纵手柄的位置

出事后操纵手柄的位置是判断事故发生时驾驶员操作情况的重要依据。如从变速杆和手刹制动操纵柄的位置就可判断出当时的车速范围和所采取的制动措施等。

4）车辆技术状况和有关性能

车辆技术状况和制动性、操纵稳定性等性能与事故的关系极为密切，因此应检查有无制动跑偏、制动无力、转向沉重以及有关安全的设施不合要求等情况；必要时，应检查车辆的动力性能。如果限于条件不能在现场检查，可在现场以外有条件的场地或委托其他技术部门进行检查并作出鉴定。

5）车辆重心

确定车辆重心一定要保持肇事前的运载情况，然后测定其纵向重心位置和横向重心位置及其离地面的高度。不是所有肇事车辆都进行重心测定，而是根据实际需要在必要时才进行这项工作。

3.道路因素调查

道路因素调查是在现场测量道路有关尺寸的基础上，对影响安全的其他道路因素的进一步调查。道路因素调查不仅可为鉴定本次事故提供证据，也为道路建设提供了有价值的参考资料。

道路因素调查的内容主要有：

1）肇事地点的道路几何参数

道路几何参数包括宽度、纵向坡度、平曲线半径、弯道超高值及曲线长度、道路的视距等。

2）路面状况

路面等级、路面结构、路面完好状况、路面附着条件（干、湿、积水、冰雪覆盖、泥泞）都影响行车安全。路面附着条件与路面的材料和状态有关，其中路面的干湿状态直接影响车辆的制动效果，实践证明：干燥路面的制动距离为潮湿路面的70%。因此，道路因素调查中应对路面状况做如实和详细的调查和记录，必要时可通过实车试验测定现场道路的附着系数。

3）路面障碍

路面障碍包括路面堆积物的尺寸和对驾驶员视距的影响程度，路面施工作业区所占用的面积大小及有无明显的施工标志等。

4）安全设施

道路安全设施包括现场的交通标志、路面标线和护栏等设施的设置和完好状况等。

（六）检验或鉴定证据材料，确定证据作用及其与交通事故的关系

通过勘查现场、收集物证后，公安交通管理机关应及时根据不同情况、不同要求、不同对象，对事故车辆、物品、尸体、当事人的生理和精神状态（伤、残情况）及有关道路状态等进行检验或鉴定。检验或签定要按照法定程序进行，最后应作出书面结论。

1. 对交通事故车辆、物品的检验或鉴定

对事故车辆、车辆牌证和当事人的有关证件及其粘附的痕迹进行检验或者鉴定往往需要一定的时间，有的需要在现场外有条件的地方进行，有的还需要提取车辆上带有痕迹的部件，这些工作的完成都需要将交通事故车辆或者嫌疑车辆、车辆牌证和当事人的机动车驾驶证、工作证、学生证和其他证明身份的证件暂时扣留，只有这样才能保证事故处理机关依法收存和固定证据资料，以保持其真实性和证据力，避免因时过境迁或其他原因而消失或遭受破坏。

暂时扣留是公安机关依法进行的一种行政强制性措施，而不是一种处罚，它既不同于没收、收缴和注销，也不同于吊扣、吊销驾驶证。暂时扣留时，应当开据暂扣凭证。期限一般不得超过15日（公安部《道路交通事故处理程序规定》放宽到20日），需要延期的，经上一级公安交通管理机关批准，可以延长15日（公安部《道路交通

事故处理程序规定》放宽到 20 日）。暂时扣留既可同时暂扣交通事故车辆、车辆牌证和当事人的有关证件，也可以根据需要扣留其中某一两件。暂时扣留后要对被扣的车辆和证件妥善保管，不得使用被扣的车辆，因人为因素造成被扣车辆丢失或损坏，公安交通管理机关要负责赔偿。这里需要特别说明的是，当事人的身份证和户口本可以检查登记，但不准暂时扣留。对造成交通肇事罪或者涉及其他刑事犯罪，需要扣押交通事故车辆、车辆牌证和当事人有关证件的，依照《刑事诉讼法》的有关规定执行。暂时扣留权只能由公安机关行使，其他任何单位和个人都无权行使，只有这样才能更好地保护当事人的合法权益，使交通事故处理工作得以顺利进行。

检验或鉴定后，除决定没收、收缴、注销、吊扣、吊销机动车驾驶证和作为证据使用的（包括提取肇事车辆上的部件）外，应当及时归还。经通知超过半年不领取的，可将车辆上缴财政部门，证件、号牌予以注销。

2. 对交通事故死者尸体的检验或鉴定

对交通事故造成当场死亡或者在送往医院途中死亡或者经医院抢救无效死亡的死者，公安交通管理机关都可根据需要对其尸体进行检验或鉴定。但不准在公众场合检验裸体的死者尸体，如检验女当事人的身体必须由女警察或医生进行。剖验尸体应征得其亲属或代理人的同意。但是公安交通管理机关认为必要时，经负责人批准，可以直接解剖尸体。

尸体经检验或鉴定后，公安交通管理机关应通知死者家属在 10 日内办完丧葬事宜。死者家属逾期不处理的，公安交通管理机关应向其送交《尸体处理通知书》，仍不处理的，经过县或市，市辖区公安局、公安分局负责人批准，由公安机关代为处理。禁止利用尸体进行妨碍社会秩序的活动，否则按《中华人民共和国治安管理处罚条例》给予处罚；构成犯罪的追究刑事责任，超过公安机关限定时间仍不处理尸体，逾期存放尸体的费用，由死者家属自理，其他丧葬费用仍按事故责任承担。

交通事故死亡人员身份无法查明时，须在地、市级报纸上刊登寻人启事。登报 10 日后仍无人认领的，由县以上公安机关负责人批准处理尸体，费用由另一当事方预付。其遗物应妥善保管或上交有关部门。

3. 检验和鉴定的区别

检验是指公安交通管理机关指派的专业人员对与交通事故有关的车辆、物品和尸体等进行实地勘察或检验，以发现、收集交通事故所遗留下来的各种痕迹等的活动。这里的专业人员是指公安交通管理机关内从事事故处理的专职人员和其他有专门知识的人。检验的情况应制成笔录，由参加人和证人签名或盖章。检验笔录是一种具有综合作用的证据形式，它可以使人们对被检验的车辆、物品、尸体等情况，有一个全面清楚的了解。

鉴定是指公安交通管理机关指派或聘请有专门知识的人，对交通事故中某些专业技术问题应用科学方法所做的认定、鉴别和判断的活动。鉴定应作出书面结论，并由鉴定人签名，加盖鉴定机关公章。

检验和鉴定的区别主要表现在以下几点。

（1）检验多在事故现场进行，而鉴定多在室内或有条件的地方进行。

（2）检验既可以由公安机关内有专门知识的人员进行，也可以由公安机关内处理交通事故的专职人员进行；而鉴定必须由有专门知识的人进行，并且鉴定人应与该起交通事故的发生及处理无关系。

（3）检验笔录除要对通过检验所发现的证据材料以及其他情况作出记载外，还要对所发现的证据存在或形成的具体环境、条件和相互关系作出说明；而鉴定结论则仅需对鉴定对象作出判断。

（七）鉴别、分析现场痕迹

现场痕迹是指事故发生前后，留在现场的各种印迹和印痕。痕迹的鉴别与分析，是判断交通事故原因的重要手段。特别对于交通肇事逃逸案件，现场痕迹的分析更具有刑事侦破意义。

交通事故现场痕迹包括路面痕迹、车体痕迹和人体痕迹等。路面痕迹如车辆轮胎的压印和拖印、人的脚印和物体在路面上的划痕等；车体痕迹包括因事故所造成的车辆变形和破损的痕迹、车体附着异物等；人体痕迹包括因事故在人体衣服上留下的轮印、撕裂痕迹以及人体表皮及内部损伤。下面仅就现场勘查中的轮胎印迹和车体变形破损痕迹加以研究。

1. 轮胎印迹

轮胎是汽车行驶系的组成部分。轮胎与路面接触并承受车辆的质量，因而轮胎印迹必然反映车辆的行驶轨迹，加之轮胎还有传递车辆驱动力和制动力的作用，这就使轮胎印迹的变化也能反映车辆运动状态的变化。

轮胎印迹的明显标志是轮迹的宽度和花纹。轮迹宽度取决于轮胎的规格和形式，不同规格和形式的轮胎充气之后的断面宽度也各不相同。在同样路面和负荷条件下，充气后的轮胎断面大，轮迹宽度亦大。轮迹宽度又与轮胎负荷及轮胎充气压力有关。同一轮胎在负荷大时变形大，其轮迹宽度亦较负荷小时要宽。汽车制动时，由于轮轴负荷重新分配，使前轮负荷增加，从而可从前轮轮迹突然变宽的现象推断汽车的制动时刻。充气压力对轮迹宽度的影响也十分明显，因为轮胎气压低于标准气压时，对轮胎变形的影响相当于超载对轮胎的影响。据试验可知，轮胎气压为标准值的 80% 时，其断面宽度相当于轮胎在标准气压下超载 20% 时的断面宽度，气压为 70% 时，相当于超载 40% 时的断面宽度；而气压为 55% 时，则相当于超载 80% 时的断面宽度，由此可见，在同样路面条件下，分析轮迹宽度时应考虑到负荷、气压对轮胎印迹的影响。

车轮在路面做自由滚动时，路面上会留下与轮胎胎面宽度和花纹形状基本一致的轮迹，即所谓的胎印。当然，在硬路面上的胎印花纹并不一定清楚，现场勘查中必须仔细分辨。当车辆匀速行驶时，其胎印是一条有着均匀深度的连续印迹；当车速变化的瞬间，局部印迹花纹则有加深现象，其加深程度与车辆的加速或减速程度相对应。对于同类花纹的轮胎，其印迹的深浅（软路面）和清晰程度可以说明轮胎的磨损程度。越野花纹轮胎有安装的方向性，故根据其轮迹就可判断出车辆的走向。

制动时，轮胎运动状态不同，在路面上留下的印迹也不同。制动开始时，车轮在路面上做边滚边滑运动，留在路面上的是随制动踏板力变化的纵向印迹。随着制动踏板力的增加，轮胎由原来的纯滚动状态变成边滚边滑的状态，留在路面上的印迹也由与胎面花纹基本一致的胎印逐渐加深，拉长直到变得模糊，即成所谓的压印。在压印的形成中，路面印迹其所以变化是因为制动踏板力的增长，使轮胎相对于地面的滑移成分增加的缘故。

当制动踏板力达到一定值时，车轮抱死，轮胎相对路面做纯滑移运动，此时留在路面上的是深度基本均匀、与胎面宽度基本相同的一条黑色连续纵向印迹，即所谓拖印。实际上制动拖印是当地面制动力等于或大于轮胎与路面间的附着力时，车轮被抱死，轮胎沿路面做纵向滑移运动所留下的痕迹。拖印的痕迹深度、颜色深浅和明暗变化受轮胎和路面条件以及制动器使用情况等许多因素的影响。车辆紧急制动时，不一定都有制动拖印出现，这与车辆性能和驾驶员操作情况有关。根据制动理论可知，制动拖印的出现，并不是最理想的制动效果，而在车轮刚被抱死之前这一阶段，车辆的制动力处于最高点，这时制动效果最好。装有防抱死装置的汽车，一般不出现制动拖印，所以在勘查事故现场时必须注意，车辆没有留下拖印并不等于没有采取制动措施。

轮胎拖印是分析事故原因，使交通事故再现的极宝贵的勘查资料，它不仅可以反映事故前后车辆的运动轨迹、行驶路线、轮胎状态和制动措施，也可根据拖印长度、形态可以分析车辆碰撞前的瞬时速度、碰撞特征和接触部位等方面的情况。因此，现场勘查必须十分重视对轮胎拖印的勘查。

路面上轮胎拖印的末端一般均在车辆所停止的位置，比较容易认定，而始端位置的认定就比较困难。其原因，一是轮胎由边滚边滑的压印过渡到滑移拖印，无明显的界限；二是易受人为或自然因素的影响而破坏，使痕迹模糊或消失。因此，始端位置认定的准确与否，往往取决于勘查人员的判断能力。

辨别路面拖印时，通常必须离印迹一段距离，沿其长度方向观察，这样较为清楚；丈量时，要尽可能追踪拖印痕迹（尤其是曲线痕迹）以确定其真实长度。总之，辨别路面拖印应格外细心谨慎。

汽车在以下三种情况，都可能导致轮胎沿路面滑移而产生拖印。

1）制动使车轮抱死或部分抱死，在车辆惯性力作用下，沿纵向滑移而引起的纵向拖印；

2）做曲线运动的车辆，离心力等于或大于横向附着力时，使轮胎侧向滑移而引起的侧滑拖印；

3）车辆急剧加速时，驱动力大于路面附着力使驱动轮局部滑移而引起的加速拖印。

现就上述三种拖印的特征分析于下文。

1）制动时的纵向拖印

（1）迅速间歇制动时的拖印 这种情况下制动力驱使车轮被间歇抱死，轮胎处在滚动与滑动交替的运动状态，路面上呈现出断断续续的斑痕。斑痕纵向间距依踩制动踏板的频率而变，无一定规律。在附着系数低的路面上采取间歇制动，可保持车辆制动稳定，进而产生最佳的制动效果。

有时在紧急制动后，解除制动力使轮胎处于滚动状态下，断续斑痕的拖印也会出现。但与上述间歇制动斑痕不同，这种斑痕间距有一定规律，正好相隔一个轮胎周长。这是因为紧急制动时，使胎面局部发热塑化，该塑化部分在制动解除后的滚动中，每次与路面接触而滑动所产生的。

（2）缓慢制动时的拖印。这种情况下驾驶员施于制动踏板的压力不足一下子将车轮抱死，轮胎处于边滚边滑状态。随着踏板力的增强，滑移成分增大到一定程度，压印将变得模糊不清，直到车轮完全被抱死，也会出现一种拖印。它的外观与紧急制动拖印相似，但痕迹却要轻得多。当滑移成分增大到一定程度时留下的拖印比紧急制动拖印也要长。在这种情况下，以拖印长度计算瞬时车速也就不正确了。

尽管缓慢制动拖印与紧急制动拖印两者相似，但它们毕竟有所不同，只要仔细认真观察和分析，仍是可以区别的。

（3）后轮一侧抱死。的拖印 当后轮一侧抱死，而另一侧和前轮仍在自由滚动时，车辆并未完全失去控制。这时车辆虽仍在行进，但会向抱死的车轮一侧偏移，偏移的程度与制动力的大小有关。此时，形成的制动拖印较长且呈曲线。

（4）两侧制动力不平衡时的拖印 由于车辆左右两侧制动力不等，所以两侧车轮运动状态就不同，故车辆的运动轨迹偏向轮胎被先抱死的一侧，即出现制动跑偏或单边制动。其特征如下：

①印迹是一条比较园滑的弧线，没有曲线发生突变的区段；

②弧线曲率随其跑偏程度不同而变化，跑偏愈严重，弧线曲率愈大；

③曲线内外侧轮胎拖印不等长，一般是内侧长，外侧短，甚至外侧无明显拖印；

④一般情况下，前后轮迹不重合。

制动跑偏往往引起侧滑，侧滑又会加剧跑偏，跑偏和侧滑都容易导致交通事故的发生。车辆左右两侧制动力不平衡大多是制动器本身调整不当或一侧摩擦片有油污所致。

2）轮胎侧滑拖印

轮胎侧滑拖印，是车辆在行驶中受到侧向力（离心力、侧向风力等）的作用，使车轮发生与轮胎旋转平面垂直方向的滑移而产生的，它有着明显的痕迹特征。

（1）离心滑移拖印。车辆在做曲线运动时产生离心力。当离心力等于或大于轮胎与路面间的横向附着力时，轮胎除有纵向滚动外，还伴随有横向滑移，形成的印迹称为离心滑移拖印。

离心滑移拖印可以由多种原因引起，其形状决定于转弯角度、行驶速度、轮胎气压和路面结构。离心滑移拖印的特征是：

①由于离心力的作用，车辆横向滑移，其后轮向外拖印较前轮向外拖印长，这主要是后轴比前轴负荷大的缘故；

②前轮拖印的颜色比后轮拖印的颜色深，这是因为前轮有转向角，来自地面的阻力较大的缘故；

③同一拖印的外侧痕迹比对称的内侧痕迹要深。这是因为离心力作用使车辆质量偏移外侧，加上转向角造成轮胎变形所致。

离心滑移拖印是在没有制动的情况下产生的，它随着转向角度的消失而消灭。

必须指出，轮胎气压相同时，胎面的花纹对离心滑移拖印外形的影响甚小（胎缘有尖锐的凸纹者除外）。但当气压不同时，在同样的条件下转弯，气压低的轮胎形成的离心滑移拖印较宽。

不同气压的轮胎形成的离心滑移拖印擦痕不同。如果拖印出现了斜的间隔清晰的横向擦痕，这是由于轮胎气压低，使弹性轮胎侧壁及胎缘区发生折叠，形成了明显的突出部分，在轮胎滑移时与路面摩擦而产生的，轮胎气压愈低，擦痕间隔愈大。

车辆曲线运动时，除因离心力产生侧滑拖印外，其他原因也可能造成侧滑拖印。如车辆前轮定位失准、转弯时外轮未能保持纯滚动、制动时车轮抱死纵向拖滑、车辆行驶在有横坡或侧向风力的道路上等多种情况下，都会形成侧滑拖印。

（2）回转滑移拖印。回转滑移拖印往往发生在附着系数低的路面上，如潮湿的沥青路面。当车辆紧急制动过程中，受到离心力或冲击力等侧向力的作用，后轮产生横向滑移时，车辆的运动状况会发生很大的变化。

①当车辆运动速度大于某一临界值（一般为 50km/h）时，在惯性力作用下，其质心沿着原来行进方向向前移动。

②由于后轮横向滑移的结果，使车辆绕其重心偏转，偏转时产生的离心力与原侧向力方向一致，加剧了车辆的偏转，偏转的加剧又使离心力进一步加大，结果导致车辆绕其重心大幅回转。从图中可知，其轮胎拖印的外观先由窄逐渐变宽，而后再由宽逐渐变窄。

交通事故现场往往同时有多种不同类型的轮胎印迹。如车辆急剧转弯造成的滑移印迹，在滑移中又采取制动措施，这时就应注意区别滑移印迹与制动拖印。

对于一定路面，当车速大于某一临界值时、汽车在制动过程中受侧向力作用会产生大幅回转侧滑这一现象，在现场勘查中可用来判断汽车是否超速行驶。

3）加速拖印

轮胎拖印的另一种普遍形式，是由车辆的急剧加速运动而产生的。加速时，因驾驶员加大油门，发动机的功率增高，但车辆的驱动力却由于受到轮胎与地面间的附着力的限制而达到某一数值后不再增加。此时驾驶员加大油门则轮胎产生局部滑移，其圆周速度大于轴心移动速度，轮胎在滑转过程中在地面就留下了加速拖印。

加速拖印在外观上与制动拖印相似，只是由于轮胎滑转时与路面间存在着重复相对滑动，使较多的橡胶屑粒转移到路面，或使路面结构受到严重的破坏，从而产生较深的痕迹。

加速拖印只在驱动轮产生，有时左右两侧痕迹深度不一致，这通常是在差速器产生差速作用的情况下形成的。

2. 车体变形和破损痕迹

车辆发生交通事故后，无论是机动车辆之间的事故，还是车辆与固定物体或者车辆与行人之间的事故，甚至车辆自身事故，都会或多或少地在车体上留下某种痕迹。事故留在车体上的痕迹并非一定都对分析事故有用。现场勘查时，必须对各种痕迹认真鉴别，要采集那些有价值的痕迹作为分析研究的对象。

1）车体上的碰撞痕迹

车辆互撞或车辆碰撞了固定物体，一般都会造成车体变形和破损。在一般碰撞事故中，汽车车身前部，如保险杠、水箱护栅等部位，可以找到凹陷的痕迹。凹陷的位置和大小对判断碰撞对象及碰撞部位十分有用；从凹陷的程度又可推断碰撞时相对速度的大小。尽管汽车碰撞行人后车体上的变形微小，但仔细寻找，仍有可查的痕迹，如车身头部会留下与受害者头形相吻合的凹坑等。此外，受害者的头发，皮肉、血迹或衣服的纤维物，也会在车体上留下痕迹。

对于碰撞痕迹，应注意将第一次碰撞与其后的第二次碰撞区别开来。第一次碰撞与事故成因有关，而第二次碰撞则加重了事故损伤的后果。

2）车体上的刮擦痕迹

车体刮擦痕迹的所在部位，通常在车体侧面，多为长条状，除具有凹陷或破损的特征外，还呈现车身灰尘、泥土被擦掉或漆皮被刮落的现象。与碰撞事故相仿，刮擦部位上也可能留下对方车辆的漆皮、木质纤维或其他物质的痕迹。

3）碾压痕迹

碾压事故的痕迹多留在汽车裙部下沿或底盘下面。勘查车辆碾压行人或自行车事故时，应注意查找碰撞痕迹，因多数碾压事故是在碰撞以后发生的。

伤亡者衣服上的轮胎印迹是碾压事故的明显证据。被车轮碾压过的人体因皮肤受挤压造成皮下组织溢血，表面会出现与轮胎花纹相似的青紫斑痕。

自行车被碾压后会引起车架和车圈的变形，严重时可能导致车胎爆裂、车梁瘪损等现象。自行车与地面接触时，也会在路面上留下较重的刮痕或沟槽。

4）翻车事故中车体的破损痕迹

翻车事故往往造成多种机件损坏，损坏机件一般都有碰、压痕迹，比较容易鉴别。这里特别要注意的是，个别机件的损坏可能在翻车之前，是事故的直接或间接原因。例如，行驶中的车辆因传动轴螺丝断裂飞出，正好打破了制动传动装置的气管，从而使制动失灵，导致汽车翻车。这些都应结合现场调查情况，在对机件破损痕迹的具体分析中，运用科学知识，合理推断。

5）车辆机件事故痕迹

因车辆机件失灵所造成的事故，其原因主要在车辆的行驶系或操纵系。行驶系或操纵系的某个机件断裂或连接松动，往往使行驶中的车辆突然失控。因机件失灵造成的事故虽然为数甚少，但其后果十分严重，甚至不堪设想。机件断裂、松脱的原因有些属于设计制造的质量问题，但大多数情况则与维护修理以及驾驶人员的责任心有关。

为了查明这类事故的真正原因，必须依靠机件损坏痕迹加以鉴别。

汽车行驶系和操纵系的某些机件，如钢板弹簧、前轴、转向节和转向传动装置杆件的松脱与断裂，都有一定的过程。如联结件的松脱过程，先是防松装置（开口销，锁紧螺帽等）脱落，随后在车辆的行驶震动中才逐渐松开。机件的断裂也是如此，如转向节的断裂是由于应力集中的影响，最先在转向节根部出现疲劳裂纹，随着疲劳裂纹在使用过程中的逐渐扩展，零件的有效断面亦随之减少，当有效断面减少到使其强度不足以胜任某次冲击应力时，转向节才会突然断裂。可见上述的松脱和断裂痕迹都不是截然形成的。我们从痕迹的油迹、锈斑、灰尘都可以推断机件的损坏原因，这是鉴别事故在先还是机件损坏在先的基本方法。

（八）判断、分析碰撞速度

分析交通事故原因，速度往往是关键的因素，所以在现场勘查中应十分重视收集判断车辆肇事前瞬时速度的证据。必须指出，由于事故发生过程十分短暂，变化又十分复杂，仅仅以现场的资料要计算出准确的速度值是很困难的，甚至是不可能的。但是如果应用汽车运动学和动力学原理，以分析和实验的方法推算出近似的速度，则可以满足事故原因分析的需要。

1. 以制动拖印为依据判断车速

驾驶员在行驶中遇到突发情况，在大多数情况下都会自动地采取紧急制动措施，从而在现场路面上留下制动拖印。

汽车在水平道路紧急制动时，如果其轮胎在路面上留下了拖印，则汽车的绝大部分动能就消耗于轮胎与路面之间的摩擦上而转化为热能。根据能量守恒定律可知，这时地面制动力凡所作的功恒等于汽车制动减速过程中所消耗的动能。

2. 以散落物的位置为依据判断车速

散落物是指在事故发生过程中，因惯性或冲击力的作用，由肇事车辆上掉落在路面上的各种实物，如抛落的货物、震碎的玻璃等。散落物散落的位置可以用来判断接触点的位置和碰撞的速度等。但并不是现场上所有的散落物都可以作为判断的证据。因此，在勘查时要加以区别。

汽车和汽车相撞或汽车与固定物相撞时，碰撞的双方均会产生变形和破损而消耗汽车的动能。这时就无法利用制动拖印的长度来判断汽车的速度，但若利用其散落物的位置及其与散落高度的关系以及自由落体运动的规律，就可以比较容易地加以判断。因为车身上任何部分原来都与汽车整体以同一速度在运动，碰撞时，因运动受阻使车上震破的玻璃等物却仍以原来的速度被抛出。当速度相同时，它们在车上的位置越高，被抛出的距离就愈远。我们可以根据散落物的离地高度 h 和被抛出的距离 L 来判断碰撞时的速度。

当汽车与固定物相撞时，显然，固定物的原始位置就是与汽车接触的位置，从两者接触部位的痕迹就可找出接触点。但对于汽车与汽车的相撞，其接触点只能根据地面上制动印迹的情况来判断。由于肇事现场两车都是在运动的，碰撞后其运动方向会突然改变，这时要根据前轮印迹的走向和突变部位来确定碰撞点。如果现场地面没有制动印迹或虽有印迹而无法利用时，可根据汽车上两个高度不同处的物体，如挡风玻璃和车灯玻璃散落在地面的位置来判断碰撞时的车速。

必须说明的是，由于汽车撞人时人体被抛出的轨迹与车辆前端的形状和高度等因素有关，因此在确定实验条件下的模拟汽车撞人试验是有其局限性的。对于小汽车以外的其他类型车辆撞人规律还有待进一步研究。但值得肯定的是该试验结果所揭示的规律，还是很有价值的。

判断和分析碰撞速度，除上述三种办法外，在国外有时还利用实车试验的办法。就是用实车模拟事故中碰撞条件，在不同的速度下进行碰撞，记录下每一速度碰撞时，车辆破损的变形量，在直角坐标系中画出速度与变形量的关系曲线，再根据事故中车体破损的实际变形量，在曲线上求得对应的碰撞速度。

（九）监护交通事故的肇事人

对交通事故的肇事人，除个别情节严重、性质恶劣者经公安机关批准拘留外，一般情况下应扣留肇事人的证件，并根据事故情节分别由专人或单位进行监护，以便等候传讯处理。

监护交通事故肇事人有双重涵义，一方面可以保护肇事人，防止事故受害者一方家属出于一时的义愤围攻、打骂甚至扣留肇事人；另一方面可以防止肇事人潜逃或隐匿，给事故处理带来不便。

肇事人属于流动人口，在事故处理期间若要暂时离开事故发生地的，应当在事故发生地寻找担保人，由担保人出具担保书后，方准离开。

（十）疏导交通事故现场的车辆和群众，尽快恢复交通

现场勘查要迅速，当勘查完毕后，经确认现场无须继续保留时，应立即撤销警戒线，清除现场障碍，移动路面上的车辆、尸体及散落物，疏导被阻车辆和围观群众，恢复正常的交通状态。

三、交通事故现场处理中有关单位和人员的责任

1. 交通事故当事人和保险公司的预付责任

1）交通事故当事人的预付责任

交通事故发生后，对伤者治疗急需的医疗费，双方当事人及其所在单位或者机动车所有人（行驶证上注明的单位或个人）都有义务预付。这里需要说明的是，预付者既可能是有交通事故责任的当事人，也可能是无交通事故责任的当事人，也就是说不管是有责任者或无责任者均有预付责任。结案后预付费用由当事人按交通事故责任承担。

当事人在履行预付责任时应注意以下几个问题。

（1）借用驾驶员、机动车或其他人员帮助工作的，应当由受益者预付。

（2）交通事故责任者及其所在单位或者机动车所有人拒绝预付或暂时无法预付，公安交通管理机关可以扣留交通事故车辆，预付款后应立即归还。

（3）预付对象仅限于需要医院或急救部门抢救治疗的交通事故受伤者，不包括车辆及其他财物的损失。

（4）预付费用主要是医疗费，医疗费应按照医院对当事人交通事故创伤治疗所必须的费用计算，包括挂号费、检验费、住院费押金、手术费、治疗费、住院费和药费（限公费医疗的药品范围）；但不需住院、转院，而住院、转院的费用，治疗非交通事故创伤的疾病和擅自购买药品的费用除外。

（5）预付期限以结案前为限，结案前费用不足时，应根据需要随时增加；结案后所预付的医疗费由当事人按照交通事故的责任承担，多退少补。结案指公安交通管理机关对损害赔偿的调解终止。

（6）在情况紧急或者应当预付的一方无力预付或对预付有异议时，公安交通管理机关可以指定另一方预付。指定可以采取口头或书面形式。一般指定有条件的一方、未受伤的一方或有交通事故责任的车辆一方。

（7）预付方式可以用现金，也可以用支票或三联单；可以一次预付清，也可以分期预付。

2）保险公司的预付责任

在实行机动车辆第三者责任法定保险的行政区域里发生机动车交通事故逃逸案件的，不管逃逸机动车辆的车籍是否属于该行政区域或者该机动车辆是否办理机动车辆

第三者责任保险，也不管受害者及其所在单位或者机动车辆的所有人有无预付能力，该行政区域里事故发生地的中国人民保险公司都应该根据公安交通管理机关的书面通知预付伤者抢救期间的医疗费、死者的丧葬费。

保险公司在履行预付责任时，应注意以下几个问题。

（1）预付医疗费主要是抢救期间的医疗费。所谓抢救期间是指医院或急救部门对交通事故伤者危及生命的损伤或危及肢体、容貌、听觉、视觉及其他器官与功能的损伤的救护期间，或可能出现严重并发症、严重后遗症的救护期间，一般是指在医院急诊或住院时伤者未脱离危险的期间。

（2）丧葬费的预付标准指交通事故发生地的丧葬费标准。主要包括支付尸体火化、购置骨灰盒等最必要的项目。

（3）保险公司预付后，如逃逸者投案自首，结案后预付款和其他赔偿由交通事故责任者按照交通事故责任承担，保险公司按照保险合同赔偿，多退少补；逃逸者抓获后，中国人民保险公司有权向逃逸者及其所在单位或机动车辆所有人，追偿其预付的所有款项。

2. 医疗单位及殡葬服务单位的责任

1）医疗单位的责任

救死扶伤是社会主义人道主义的体现，也是医疗单位的重要职责。对于任何交通事故的伤者，医疗单位不管伤势轻重，都应该收治，并尽量简化收治手续，积极抢救治疗，以避免因抢救治疗不及时而使交通事故的伤者致残或者死亡。

在抢救治疗时应注意以下几个问题。

（1）交通事故的发生往往比较突然，常有当事人身边没有足够的费用，无法交纳住院押金、治疗费的情况。此时医疗单位应该在有所担保或其他保证的情况下，积极收治这些伤者，使其得到及时的抢救治疗。

（2）伤者确需转院抢救治疗的，医院之间要互相配合，通力协作，不能互相推诿，延误抢救时机。

（3）在抢救治疗期间，医疗单位应当如实向公安交通管理机关提供医疗单据和诊断证明，不能夸大或缩小伤情和治疗结果，也不要使用非必须的治疗手段和药品，以免加大费用。医疗单据应较详细地开列各项医疗费的具体清单，不应只写总数。诊断证明必须由有处方权的医生出具。

（4）公安交通管理机关认为必要对伤者的医疗费用和诊断证明核查时，在征得当地卫生行政部门同意的情况下，医疗单位应该接受核查并提供方便。

2）殡葬服务单位的责任

交通事故死者的尸体经公安机关检验鉴定后，死者家属办理丧葬事宜之前，殡葬服务单位和有太平间或者停尸房的医疗单位应当按照公安交通管理机关的通知代存，并妥善保管尸体，不得推脱不办。

公安交通管理机关对于上述单位抢救治疗交通事故伤者的费用和存放交通事故死者尸体的费用，应当督促当事人及其所在单位或者机动车辆所有人、保险公司预付或缴纳，或者在结案时由公安交通管理机关扣除这笔费用。

第三节　道路交通事故的分析与预防

交通事故和其他客观事物一样，其发生和发展变化是复杂的，既有人、车、路诸方面的原因，也有其他众多的社会原因。人们通常接触到的、观察到和感觉到的交通事故往往属于表面的、现象的和外部联系的东西，只有通过对这些外在的、直观的东西的分析研究，才能认识到交通事故的本质，从而获得对交通事故现象全面、客观的认识，达到预防和正确处理交通事故的目的。

根据分析目的及考虑问题范围的不同，交通事故的分析可分为案例分析和统计分析两种。

一、交通事故的案例分析

交通事故案例分析是本着"三不放过"的原则，对某一具体的交通事故所做的分析。即对具体事故的原因分析不清不放过，事故责任者和群众没有受到教育不放过，没有防范措施不放过。

案例分析的目的是分清该起交通事故的直接原因与间接原因，查明事故经过，为认定当事人的交通事故责任和依法处理交通事故打下基础。同时为吸取教训、总结经验，防止类似事故再度发生积累宝贵的经验。

案例分析的主要方法是事故再现分析。所谓事故再现分析就是以交通事故现场上的人员伤害情况、车辆损坏情况及停止状态、道路环境状况与事故现场各种痕迹及证据等为依据，参考当事人和目击者的陈述及其他现场勘查资料，对照交通法规有关规定，对事故发生的全部经过作出推断的过程。事故责任的合理划分、事故的妥善处理都要依靠对事故进行正确的再现分析。再现分析对于交通安全研究也有重要意义。对一起事故正确而全面地再现分析相当于作了一次实车事故实验，从中可以获得许多用其他方法而无法获得的宝贵资料。

事故再现分析的关键在于发现事故现场上遗留的各种痕迹和物证，并作出合乎情理的解释。事故当事人和目击者的陈述，虽可作为重要的参考资料，但一般不宜作为分析的主要依据。

为了正确地进行事故现场分析，必须掌握与事故有关的各种数学、力学和运动学、动力学原理。但应该注意，应用这些原理计算的结果只有在其应用条件与实际情况吻合的前提下，才能发挥重要作用。

交通事故案例分析是处理交通事故的基础，其主要内容应包括以下几个方面。

（1）交通事故的基本情况，包括时间、地点、当事人、道路环境情况、人员伤亡情况、车物损坏情况等；

（2）交通事故的经过；

（3）交通事故成因及责任，包括当事人的违章行为及其触及的法规条款等；

（4）预防类似交通事故的措施等。

在交通事故案例分析过程中，可利用质量管理中的因果分析图，即树枝图或鱼刺图来分析具体案例的因果关系，以寻求导致交通事故的直接原因和间接原因。

二、交通事故的统计分析

案例分析只对个别的交通事故进行成因、经过分析，它可以查明事故责任和寻求改善安全条件的措施，但难以把握事故总体的规律和动向。只有调查了大量的交通事故后，才有可能消除偶然因素对事故的影响，从总体上分析事故的规律和动向，这就要求我们对交通事故进行统计分析。所谓交通事故统计分析，就是利用大量的交通事故调查统计资料，从宏观的角度去探索交通事故发生和变化的规律，以有力的事实依据，提出改善交通现状，控制交通事故的建议；并以此预测交通事故的发展趋势，提供交通安全信息和科学决策方案。

统计分析的目的是查明交通事故总体的状况、发展动向以及各种影响因素对事故总体的作用与相互关系等，以便从宏观上定量地认识事故现象的本质和内在规律性。统计分析的目的中既包含了总体性，又包含了定量性。总体性体现在对大量交通事故共性的认识，消除了案例分析中个别事故的偶然性；定量性体现在分析中需要明确的数量概念，它主要是通过具体的数据来揭示事故现象的本质和内在规律。

交通事故统计分析对于综合治理交通，预防交通事故，保证交通安全具有十分重要的作用。

（1）通过对道路条件的分析，掌握道路条件与交通事故的关系，便于发现和识别事故多发路段，证实道路平面线型和纵面坡度以及道路附属设施设置的合理性，从而改善道路环境。

（2）通过对机动车辆性能和技术状况的分析，发现车辆设计制造的薄弱环节，强化对车辆维修、安全运行技术条件的监督与检查。

（3）通过对交通事故当事人责任的分析和事故类型的分析，检验出驾驶员培训、考证、管理及教育中存在的问题，明确驾驶员培训、考证、管理和教育的重点。

（4）通过对交通事故发生时间的分析，合理安排管理人员，加强对事故多发时段的监控。

（5）通过对事故车辆速度的分析，明确车速与交通事故的关系，合理控制行车速度。

（6）通过对交通事故原因的分析，制定有针对性的管理措施并确定管理重点。

（7）通过对当事人受害情况的分析，制定有效的保护、预防和急救措施。

（8）通过对肇事车辆所属单位的分析，评价车辆单位安全管理水平，提出改进意见。

（9）通过对某项政策或措施实施前后的事故多少的对比分析，检验某项安全管理政策或措施的实际效果。

（10）通过对影响安全的各种因素的综合分析，为制定交通管理政策，实行综合治理，提供决策依据。

为了搞好交通事故的统计分析工作，现就统计分析资料、统计分析指标和统计分析方法等问题分别进行讨论和研究。

1.统计分析资料

要搞好交通事故的统计分析，必须占有大量的调查资料。交通事故统计分析资料主要源于三个方面，即交通事故档案、交通事故统计报表和交通事故专门调查。

1）交通事故档案

交通事故档案包括公安交通管理机关的交通事故档案和运输企业的交通事故档案。对公安交通管理机关来说，交通事故档案是公安交通管理机关记录交通事故和事故处理工作的技术文件和材料，也是交通事故现场的真实记录，它全面、客观、真实地记载着交通事故及其处理情况的全部过程。

公安交通管理机关的交通事故档案是一种制度化的文件，其主要内容包括交通事故呈批文件、事故处理责任认定书、事故责任者处罚裁决书、损害赔偿调解书、事故现场勘查资料、车辆、道路、尸体鉴定、伤残评定、讯问记录、旁证材料等。

公安交通管理机关的事故档案对全社会的交通事故统计分析提供了全面、准确的原始资料，对总结事故规律和动向，制定预防交通事故对策有着重要的作用。

2）交通事故统计报表

交通事故统计报表制度是由国家统计局和公安部、交通部等业务领导部门，根据国家宏观管理的需要，制定统一的指标体系、计算方法、表格形式、填报时间、填报方法、统计范围和统计标准等，由基层业务单位按规定程序，自下而上，逐级上报、汇总的一种报告制度。

与发达国家相比，我国的交通事故统计报表不管从内容还是形式方面来看，都比较简单。当前全国统一的交通事故统计报表有正表和副表两种，正表按车辆类型及行人填报事故次数、死亡人数、重伤人数、轻伤人数、车物畜损失折款、报废车辆数和本辖区内人、车、路情况；副表除统计死伤的老人、成人和少年儿童外，还统计驾驶员的驾驶经历、驾驶时间、肇事车种、事故情节、肇事原因、道路情况等。随着电子计算机在交通管理中的应用，交通事故统计报表将会更加详细和完善，这无疑对交通事故的统计分析会提供更加详细、全面、系统的资料。

3）交通事故专门调查

交通事故专门调查是根据一定的目的、要求，专门组织力量进行的一种调查形式。调查的内容和范围可以根据调查的目的和需要来确定。例如，为了交通管理和科学研究的需要，交通管理部门或研究单位直接对交通事故的有关对象进行的调查就是一种专门调查。专门调查既可以由研究人员直接调查，也可以用发放或邮寄调查表进行通信调查。前者得到的调查材料比较可靠，感性认识强，但接触面不太广；后者方法比较简单，但调查表不一定能如数收回，收回的调查表也难免有不实之处。

交通事故专门调查所获得的资料尽管有一定的局限性，但对交通事故的统计分析仍可提供某一个方面的、经过研究整理的、有价值的可贵资料。

2.统计分析指标

交通事故统计分析指标可以反映事故总体的数量特征。由于交通事故的复杂性，需要用一系列的指标才能反映事故总体各个方面的数量特征，从而揭示出事故总体的内在规律。常用的交通事故统计分析指标有基本分析指标和动态分析指标。基本分析指标包括绝对指标、相对指标和平均指标；动态分析指标包括增减量指标（绝对指标）、增减速度指标（相对指标）和发展速度指标（相对指标）等。

1）绝对指标

绝对指标反映着交通事故在某一地区、某一时期的规模、总量和水平。例如，交通事故的发生次数、死亡人数、受伤人数、直接经济损失等，自 1986 年起，我国每月定期向全国公布前一个月的这四项指标，以唤起公民的安全意识。绝对指标逐年逐月地积累，还可以反映出交通事故的发展趋势，亦可以衡量每年每月不同国家或同一国家不同省、地、县等的交通安全情况。绝对指标是计算其他综合指标的基础，在交通事故统计分析中有重要意义。

2）相对指标

绝对指标虽然可以反映交通事故的规模、总量和水平，但不能揭示总体内部的规律性。绝对指标由于没有共同的基础作参照，所以难以直接进行对比，为此应建立相对指标。

相对指标是用两个相关的绝对指标进行对比而成的，利用相对指标可以深入地认识交通事故的内部构成、对比情况和事故强度等。此外，还可把一些不能直接对比的绝对指标放在共同的基础上来分析比较与说明。

相对指标可分为结构相对数、比较相对数和强度相对数，一般情况下，它们用百分数表示。

（1）结构相对数。结构相对数是事故的部分数与整体数之比，它表明事故各组成部分在整体中的比重，故又称比重指标。例如，机动车与自行车碰撞事故占交通事故总数的百分比就是结构相对数。结构相对数是分析交通事故结构、特点和规律的常用指标之一。

（2）比较相对数。比较相对数是两个同类指标或者有联系的两个指标之比。例如，两个地区同类交通事故数之比，也可以是同一地区交通事故受伤人数与死亡人数之比等。比较相对数可以分析对比两种指标的发生程度。

（3）强度相对数。强度相对数是两个性质不同，但有密切联系的绝对指标之比。一般情况下，以事故率（次/万车）、伤人率（人/万车）、死亡率（人/万车）和经济损失率（千元/万车）作为统计机动车交通事故的强度相对数。因为这些强度相对数都是用事故次数、死伤人数和财物损失数指标分别与车辆拥有总数指标相比得到的，所以都叫车辆事故率。

除车辆事故率外，还可以用交通事故次数、死亡（伤）人数等指标分别与人口总数和运行车公里总数对比而形成人口事故率［次/10万人、死亡（伤）人/10万人］和运行事故率［次/亿车公里、死亡（伤）人/亿车公里］以上这三种事故率中运行事故率比较科学。因为人口事故率的弊端在于不是该地区的所有人都与车辆有接触；

车辆事故率的不足在于车辆拥有总数既包括了运行车，又包括了与交通事故无关的停驶车。运行事故率其所以比较准确，主要是它考虑了影响交通安全的人、车、路三个要素，但实践中车公里数比较难掌握。国际上，通常用亿车公里死亡率这一运行事故率比较国与国之间的交通事故严重程度。

我国在考核汽车运输企业安全生产情况时，采用的运行事故率是百万车公里死亡率。按照交通部的规定，我国的二级汽车运输企业车辆运行事故率不得超过 0.17 人 / 百万车公里。

3）平均指标

平均指标是说明事故总体的一般水平的统计指标，它是将事故总体中各单位之间的同类事故数量差异平均化或抽象化而得出的一个综合指标。

平均指标包括算术平均数和几何平均数。算术平均数又分为简单算术平均数和加权算术平均数。通常多用简单算术平均数作为统计分析指标，例如某地区一年内的月平均事故次数、月平均伤亡人数等。

4）动态分析指标

（1）增减量指标。增减量指标是事故指标在一定时期内增加或减少的绝对数量。计算增减量时，首先根据统计需要，确定计算期之前的某一时期为基准期，其次求出计算期与基准期指标数值的差值，即为增减量。当计算期数值高于基准期数值时为增加，反之为减少。

根据计算使用的基准期的不同，可将增减量分为累积增减量和逐期增减量。前者以计算期之前的某一特定时期为固定的基准期，一般以最初时期作为基准期计算，用以表明一段时间内事故累积增减的数量；后者以计算期的前一期为基准期，以表明单位时间内事故的增减量。

（2）增减速度指标。增减速度指标是表明事故增减程度的指标，由增减量与基准期指标数相比而得。根据用以比较的基准期的不同，增减速度可分为定基增减速度和环比增减速度。前者以计算期之前某一特定时期的指标为基准期指标，用对应的累积增减量与之相比，可以表示在一段时期内事故的变动程度；后者则以计算期的前一期指标为基准期指标，用对应的逐期增长量与之相比，用以表示事故逐期变动的程度。

（3）发展速度指标。发展速度指标是指计算期的数值与基准期数值之比，它表明事故在不同时期发展的程度和速度。与增长速度指标相同，发展速度指标根据对比基准期的不同，也可分为定基发展速度和环比发展速度。定基发展速度是计算期的数值与固定基准期的数值之比，表明事故在一段时期内发展的总程度或总速度；环比发展速度是计算期的数值与前一期的数值之比，表明事故逐渐发展的程度或速度。

3.统计分析方法

一般的统计分析方法有两种。一种是描述统计学方法，即利用收集到的资料，通过分类、对比，用表格、图形将统计指标表现出来，以描述客观数量的存在、变动和发展，说明两个或两个以上数量现象的相关关系。另一种是归纳统计学方法，即利用概率论，通过数理推断，从样本调查结果，推论总体。交通事故的统计分析，主要采用描述统计学方法，只有对交通事故预测时才应用归纳统计学方法。

就描述统计学方法而言，并不只是单纯地计算指标、罗列数字，而是要运用交通法规和交通工程等方面的科学知识，对数字进行判断、推理，综合分析，其具体的分析方法有事故分类分析法、指标对比分析法和指标数值与实际情况结合分析法三种。

1）事故分类分析法

事故分类分析法既是一种统计分析方法，也是对统计资料加工整理的重要方法。事故分类分析法是将交通事故现象的整体区分为若干不同类型或不同性质、不同特点的类别，理出头绪，给人一种明确、直观、规律性的概念，以找到问题的症结或主要矛盾，从而便于采取相应的对策和措施。这种分类分析法不仅可以揭示交通事故的总体构成，还可以研究交通事故与各种影响因素的依存关系。

对事故进行分类时，必须选好分类标志。分类标志可根据研究的目的来进行选择，通常分类标志不只是选择一个，而是选择两个或者多个标志。不管选择几个标志分类，如果按每个标志单独分类，称为简单分类；如果几个标志分类时交错结合进行，则称为复合分类。例如，单独按事故等级作标志分类和单独按发生事故的部门作标志分类，均是简单分类。简单分类只能从事物的某个特征或几个特征分别观察问题；如果既要以事故等级为标志分类，又要以不同等级事故发生的部门为标志分类，就等于将这两种分类标志交错结合在一起分类组合，这就是复合分类，复合分类可以更深入地从多角度观察问题。

分析交通事故常用的分类标志主要有以下几种。

（1）按时间标志分类。时间标志常用年、月、日、时、星期、昼、夜等作单位进行分类。

（2）按天气标志分类。天气标志常按雨、雪、雾、阴、晴、风等不同情况分类。

（3）按车辆类型标志分类。车辆类型标志常按大客车、载货车、小汽车、三轮摩托车、二轮摩托车、轻便摩托车、拖拉机、非机动车、自行车等进行分类。

（4）按车辆用途标志分类。车辆用途标志常按公用、私用、载货、乘客等进行分类。

（5）按车属单位标志分类。车属单位标志常按专业运输公司、工矿企业、事业单位、军队、武装警察、集体、个体户进行分类。

（6）按道路标志分类。道路标志常按路面类型与状态、道路线型与纵坡、路基宽度与车道数、交叉路口与控制状态、交通标志与路面标线等进行分类。

（7）按事故等级标志分类。事故等级标志常按规定的四个事故等级，即轻微事故、一般事故、重大事故、特大事故进行分类。

（8）按事故现象标志分类。事故现象标志常按机动车自身事故、机动车与机动车事故、机动车与自行车事故、机动车与行人事故等进行分类。在机动车事故中还按翻车、碰撞、刮擦、追尾等多种现象分类。

（9）按当事人标志分类。当事人标志常按驾驶员、行人、骑自行车人、乘客等进行分类；也可按当事人年龄、驾驶经历等进行分类。

（10）按违章类型标志分类。违章类型标志常按超速、超载、超限、超员、酒后驾车等进行分类。

（11）按人体受害部位标志分类。人体受害部位标志常按头、脸、胸、腹、腰、背、四肢等进行分类。

（12）按事故责任标志分类。事故责任标志常按驾驶员责任、骑自行车人责任、行人责任等进行分类。

2）指标对比分析法

交通事故分析指标，不论是绝对数、相对数，还是平均数；或者是静态分析指标，还是动态分析指标，它们各自反映的问题都有一定的局限性。只有对这些指标进行周密的选择对比分析，才能揭示交通事故发展变化的特点和内在规律，为预防交通事故打下良好的基础。

根据统计分析指标的特点，可将指标对比分析法分成静态对比分析和动态对比分析两种。

（1）静态对比分析。静态对比分析既可以把同一时期的不同指标，如绝对数、相对数和平均数结合起来进行对比分析；也可以把不同地区、不同单位的同类指标联系起来进行对比分析。前者如某年内几个不同地区的事故总数、受伤人数、死亡人数以及重大事故占事故总数的比例与死亡人数占受伤人数的比例等；后者如不同地区的事故死亡人数或者亿车公里死亡率等。

静态对比分析，有助于揭矛盾、找差距，发现成绩与问题、优点与缺点、先进与落后。

（2）动态对比分析。动态对比分析就是把一定时间间隔的不同指标按时间顺序排成数列，构成动态时间数列，对比分析各项指标随着时间数列的变化规律。动态分析不仅可以就某一个单位、地区或国家的各项指标变化情况进行分析，还可以就不同单位、不同地区或不同国家的动态变化指标进行对比分析。动态时间数列，通常按年、季、月来划分。

动态对比分析法有助于揭示交通事故的发展特点及时间规律性。

不管是动态对比分析还是静态对比分析，关键在于从对比中找问题、寻差距。据此，我们可以利用这两种方法就某种预防事故措施的应用效果，进行实施前后的指标对比分析检验，从而得出正确的结论。

3）指标数值与实际情况结合分析法

交通事故统计分析主要表现为对交通事故整体进行量的分析，而影响交通事故整体数量的因素往往又是错综复杂的、多方面的，如人、车、路、法规、社会风气等多种因素。如果只分析事故数量的变化而不考虑客观现实情况，对问题的实质就分析不清；如果只看到客观事实而没有数字指标表示，对存在问题也讲不具体。只有将科学的数字指标与客观的实际情况紧密结合起来分析，才能发现和揭示数量变化背后的条件和原因，才可以找出交通事故发生、发展和变化的内在规律和实质所在。

在对交通事故进行统计分析时，常常引用质量管理中的一些图、表表示，使人感到清晰明了、一目了然，从而收到良好的效果。这些图表是统计调查表、坐标图、直方图、排列图、扇形图、因果分析图等，此外还可利用事故地段分析图。事故地段分析图是标有交通事故符号的平面或纵面道路图，适用于分析道路局部地段的事故情况。如交叉路口和事故多发路段发生事故的时间、事故形态、车辆行驶方向和状态、行人或自行车的行进方向、事故后果等都可以标注在该图相应的位置上。一般在图上可保留一年内的事故，通过比较各年的事故地段分析图，可以看出同一地点上的交通事故动态变化情况。这种事故地段分析图对分析道路与事故间的关系十分方便，是改善事故多发地段道路状况的重要依据。

三、交通事故的预防

交通事故不仅给无数受伤者和丧身者及其亲属带来不幸与痛苦，而且由此造成的大量财产损失，也使人们的劳动成果付东流；交通事故的善后处理工作严重地干扰了一些部门和企业的正常秩序，还会造成遗患多年的社会问题。因此，党和国家提出了"安全第一，预防为主"的安全管理工作方针，这对预防交通事故，保证交通运输生产安全有着重要意义。

所谓"安全第一"，就是树立对国家和人民生命财产高度负责的精神，把安全工作当作头等大事，放在一切工作的首位，在整个运输生产过程中体现安全为了生产，生产必须安全的宗旨。作为交通运输行业管理部门和运输企业的主要负责人，在安排运输生产时必须做到"五同时"，即计划、布置、检查、总结、评比生产工作的同时，也要计划、布置、检查、总结、评比安全工作。所谓"预防为主"，就是强调做好事故发生前的期前控制，防患于未然。预防为主还体现在对已发生的事故坚持"三不放过"的原则进行处理，以便针对性地采取防范措施，防止类似事故再次发生，即变本次事故的事后处理为今后安全管理的事前预防。前者属于"问题发现型"的预防，是安全系统工程方法在安全管理中的应用；后者属于"问题出发型"的预防，是传统安全工作方法的应用。

交通事故属于随机事件，具有偶然性，很难预测，但其偶然性中隐藏着内在规律性，这就是统计规律。世界各国的实践已充分证明，只要加强交通事故的统计分析和具体事故的案例分析，就可以总结出交通事故发生的规律，制定出科学合理、行之有效的防范措施，从而由"问题出发型"的预防迈向"问题发现型"的预防，由被动管理迈向主动管理，使我们的交通安全管理工作提高到一个新水平，同时使交通事故减少到最低限度。

从我国的交通安全管理实际出发，当前应着重从宏观和微观两个方面看手，做好交通事故的预防工作。从宏观方面讲，要加强国家交通安全管理和行业交通安全管理，即要全面加强公安交通管理工作和交通运政管理工作以及这两者间的协调与配合，从根本上改变现有交通安全管理体制不顺的弊端。从微观方面看，要加强汽车运输企业及集体、个体运输业户的交通安全管理，按照"企业负责、行业管理、国家监察、群众监督、劳动者遵章守纪"的原则，建立"管生产必须管安全，谁主管谁负责"的安全生产管理责任体制，搞好以行车安全为中心内容的安全生产管理工作。

从我国的交通事故统计规律出发，当前应着手从以下几个方面做好交通事故的预防工作。

1. 加强交通立法和执法管理

如前所述，我国的交通法规很不健全，也不详细；执行中弹性很大，难以掌握；加之受社会不正之风的干扰，对交通安全管理带来很多不便。今后应向国际靠拢，不断完善法规体系，强化执法力度，使交通安全管理走向法治化的道路。

2，加强交通安全管理队伍建设

交通安全管理队伍，从我国当前的体制看包括公安交通管理队伍、交通运政管理队伍、企业安全管理人员三大部分。根据我国的交通安全管理队伍现状来看，整体素质偏低，满足不了安全管理工作的需要，所以要对安全管理人员在职业道德、知识、经历、能力等方面的要求，加强对现有人员的培训可以提高其现有管理水平；同时要在高等学校设置相应的专业，培养一批具有丰富专业知识、年富力强的青年队伍，把他们安排到基层锻炼几年，然后不断补充和更替原有队伍中的不足部分和不适应工作的人员，从而提高交通管理队伍的整体素质。

3. 积极采用现代化管理手段，加强交通安全管理

积极采用人体工程、系统工程以及系统论、控制论等现代管理科学的方法和手段，加强交通安全管理；利用电子技术实现交通监控和信息传递；利用 PDCA 循环的工作方法搞好安全预防措施的计划、实施、检查和总结工作；利用生物节律理论指导行车安全管理等。

4. 加强交通安全教育，提高全民安全意识

交通安全教育应从小抓起，要学习发达国家的经验，把交通安全教育纳入小学生的教学计划中去，要把学校教育与社会教育结合起来，把专业人员教育与群众教育结合起来，把管理人员教育与工人教育结合起来，从而使安全教育深入人心，使安全知识家喻户晓。

5. 采用工程措施，不断完善道路、车辆的设计，满足交通安全的需要

增加道路数量、提高道路质量、完善道路设施，提高车辆安全性能、设计车辆安全结构、加强车辆安全检测和维修质量检查等都是满足交通安全工作需要的重要环节，也是从工程技术角度保证安全、预防事故的重要措施。在这方面，要向发达国家学习，引进先进技术，以此提高我们的整个交通安全工程技术水平。

6. 加强交通安全科学研究，充实交通安全理论，指导交通安全管理工作

交通安全科学研究，在我国是一项比较薄弱的工作。今后不管是国家、行业，还是大中型运输企业，都应该从人、车、路、法规等各方面选定研究课题，投入科研经费，配备专业和实际工作人员，共同开发交通安全科学研究的新领域，为充实交通安全理论，指导交通安全管理工作，积累宝贵的资料，创造丰硕的成果。

第六章 交通运输企业生产厂（场）内安全管理

第一节 车辆维修的安全管理

在交通运输企业生产厂（场）内，车辆维修的安全管理主要包括防止机械设备、化学物品对人伤害的措施；防止废气、噪声和工业废水等对人危害的措施等内容。

一、防止机械设备对人伤害的措施

在交通运输企业生产厂（场）内，有许多机械设备，如果操作不当，对人身将造成较严重的伤害，如举升器、桥式起重机、千斤顶及其他有关汽车检测、维修的机械设备。所以，应有相应预防伤害的措施。

1. 举升器、桥式起重机、千斤顶的安全使用措施

举升器、桥式起重机、千斤顶是汽车维修厂（场）内常用的起重设备，它们是具有一定危险性的机械设备，使用中一定要注意安全。

（1）起重设备应有专人管理，经常维护，由经培训、具有操作资格的专人使用，保持设备处于良好的工作状态，这是防止起重设备造成人身伤害的关键措施之一。

（2）起重设备安装必须符合设备安装技术条件。

（3）起重设备工作前，确保起重物牢靠地固定或放置在起重设备上。

（4）起重设备工作时，在未做好安全防护的情况下，起重物下不准有人。

（5）当起重设备工作时，如在起重物上操作，应避免产生强的冲击或震动。

（6）当确认起重物下无人和其他物件时，方可落下起重物。

2. 其他机械设备的安全使用措施

在交通运输企业生产厂（场）内，还有许多通用机械设备，如普通车床、铣床和钻床等；专用机械设备，如凸轮轴磨床、曲轴磨床、镗缸机、镗瓦机、轮毂锋削机和

制动蹄钟磨机等；车辆检测设备，如制动性能试验台、侧滑试验台等。

这些机械设备在使用的过程中，都可能存在对人身的危害。所以，在管理措施上，应该做到：

（1）所有机械设备都应有专人负责管理和维护，并使其处于良好的技术状态和工作状态；

（2）操作人员要经过专门培训，并按规定具有上岗资格，方可操作。不具有上岗资格的人员，严禁上机操作；

（3）操作人员工作时，应按规定穿着工作服和配备相应的安全防护装备。

3. 机械设备操作工人的培训措施

对机械设备操作工人（特别是新上岗的青年工）进行必要的培训，是防止机械伤害的重要环节之一。让工人对其机械设备的性能、操作方法、工作内容和安全措施（设施）等都能融会贯通，完全掌握，并经考核，确认已经达到了有关部门制定的规定和标准，方可上岗。

二、防止化学伤害的措施

在交通运输企业生产厂（场）内，化学伤害主要是指含四乙基铅的汽油、铅酸蓄电池的电解液、汽车涂装用的溶剂及漆、清洗剂、防冻液和制动液等对人身的危害。

1. 使用含四乙基铅汽油的安全措施

含四乙基铅的汽油是有毒性的汽油。它能通过人的呼吸道或皮肤进入人体，且排泄很慢。当其积累到一定的数量时，便会引起人身中毒。为了便于使用者识别、警惕和防护，通常把含四乙基铅的汽油染成红色、橙色或蓝色。为了避免人身中毒，在使用含四乙基铅汽油时，应遵守以下规定。

（1）在修理车间和维护场内，必须有良好的通风条件，使汽油蒸气和燃烧废气容易排出和散失。

（2）在疏通化油器量孔及燃料系各油道时，严禁用嘴吸、吹孔管。

（3）在修理与接触发动机零件时，应当将其当作有毒物对待，因为其零件上有铅质沉积。在清除燃烧室、活塞顶、气门顶等部位的积炭时，应先用煤油或洗涤用汽油将积炭湿润，以免刮下的粉末飞扬而吸入人体。

（4）在修理汽油箱前，应用煤油或洗涤用汽油仔细把油箱内部清洗几遍，以清除其中可能有毒的沉淀物。

（5）存放含四乙基铅的汽油时，应在其油桶上标明"有毒"字样。

2. 使用或维修铅酸蓄电池的安全措施

（1）搬动蓄电池时要轻拿轻放，不可歪斜，以免电解液泼溅到衣服或皮肤上，引起烧伤。如不慎发生电解液泼溅到衣服或皮肤上，应立即用清水冲洗。

（2）检查电解液密度和液面高度时，将吸入电解液的密度计稍微提高到离开电解液注入口即可，不要把密度计提得过高，以免电解液滴到人身上或其他物体上，引起人身伤害。

（3）禁止将储存油料的容器及各种金属物放在蓄电池壳体上。

（4）配制电解液时应注意：

①配制电解液应使用耐酸的玻璃、陶瓷、硬橡胶等材料做成的容器。

②配制电解液时须先将蒸馏水放入容器，然后将硫酸徐徐加入蒸馏水中，并不断地用玻璃棒或塑料棒进行搅拌。绝对不允许将蒸馏水倒入浓硫酸中，以免发生爆溅，伤害人体及设备。

③配制电解液时，操作人员必须佩戴防护眼镜、橡皮手套、塑料围裙、高筒胶鞋，以免烧伤。

④配制电解液时，因硫酸稀释发热，使电解液温度升高。因此，配制好的电解液，需等待冷却后（至35℃以下），才能注入蓄电池。

3. 汽车涂装施工的安全措施

在汽车涂装施工中，因为涂料中的各种有机溶剂，如苯、甲苯、二甲苯、甲醇、硝基漆稀释剂和酮类等对人体都有一定毒害，当工作场地的空气中所含的有机溶剂浓度超过一定量时，则会对人体神经系统产生刺激和破坏作用，造成人身中毒，其症状如头痛、恶心、呕吐等，甚至引起抽搐、昏迷、瞳孔放大等严重症状。

另外，部分涂料中还含有有毒的颜料（如红丹、铅铬黄等），在碾磨基漆和干颜料时，铅的化合物会以粉尘的形式被吸入呼吸道；与这种涂料接触时，铅的化合物又会侵入皮肤。这些有毒物质不仅可以通过肺部吸入，还可以通过皮肤和胃吸收，对人体造成危害。人体长期与涂料溶剂接触，可以使皮肤中的脂肪被溶解而造成皮肤开裂、干燥、发红，直至引起皮肤病。故在使用时必须采用以下预防措施。

（1）工作场所必须有良好的通风、照明、防毒、除尘设备。施工环境中，有机溶剂蒸气浓度不得超过国家规定的标准。

（2）操作人员必须穿戴好各种防护用品，如工作服、手套、口罩和眼镜等。

（3）若皮肤上沾有油漆时，不要用苯类溶剂清洗，可用去污粉、肥皂或清洗用溶剂油等混合物洗涤。

（4）使用某些含有红丹、铅铬黄等成分的涂料时，要严防人体接触或吸入。严禁使用含有剧毒的涂料。

（5）在喷涂施工中，若感到头昏、恶心时，应立即离开现场，到室外呼吸新鲜空气，严重者送医院治疗。

（6）工作完毕后，应淋雨洗澡，如感到气管干燥，应多喝水。

（7）不要在工作场地进食、喝水。

（8）对涂装工作人员应定期进行体检，发现有中毒迹象，应立即调换工作岗位。

4. 使用清洗剂的安全措施

严格地说，凡是作为清洗剂的物质，一般不应对人体有大的伤害。但是在实际使用中，还是应该注意，不可长期无保护性地与一些零件清洗剂类接触。

（1）化油器清洗剂不可直接喷到人的面部，在使用中，操作人员应戴口罩、眼镜。如果万一清洗剂喷入人的眼睛、口腔等处，应马上用清水冲洗并送医院治疗。

（2）零件清洗剂分为碱水型和有机溶剂型。在使用中特别要注意有机溶剂型清洗剂对人体的危害，因为它含有像三氯乙烯、苯酚等这样的有毒物质。所以，在工作中应加强车间的通风，工作人员应采取有效的防护措施，如戴口罩、眼镜和手套等。

（3）在使用脱漆剂时，要防止因有机溶剂的挥发等对人体造成的危害。工作中除按脱漆剂的使用方法仔细操作外，还应使工作场所有良好的通风，操作人员应有适当的劳保措施，如戴口罩、眼镜、手套等。

（4）其他用来处理金属表面的一些溶液，在使用中也应对操作人员有适当的劳保措施。如金属表面的氧化、磷化、钝化以及粘结剂和苯、橡胶水等，都应有严格的防护措施。

5. 使用防冻液的安全措施

国内外大多数防冻液都是乙二醇—水溶液。它是由乙二醇与水以一定的比例，再添加其他一些添加剂掺合而成，乙二醇具有一定的毒性，使用中一定要注意安全。

（1）加注乙二醇—水防冻液时，注意不要洒漏在涂漆车身上，以防损坏车身漆面。

（2）加注乙二醇—水防冻液时，不可用嘴吸吮。

（3）加注乙二醇—水防冻液时，防冻液只能加至冷却系总容量的95%，以免加满后，在温度升高时，防冻液膨胀溢出。

6. 使用制动液的安全措施

现代汽车上使用的制动液多为合成型制动液。合成型制动液由溶剂、润滑剂和添加剂组成，通常溶剂为乙二醇醚、二乙二醇酸和三乙二醇醚和聚酸等；润滑剂通常为聚乙二醇、聚丙乙二醇等。具有工作温度较宽、粘温性能好、对金属腐蚀性微弱等优点。

汽车制动液在使用中应注意：

（1）各种不同的制动液不能混存、混用，以免因此造成油质变化，使汽车制动失灵。

（2）避免人身直接接触制动液，特别要注意防止制动液与人的眼睛和皮肤接触。更不可误入口中，以免引起中毒。

（3）制动液在存放和加注时，应远离火源，以免引起火灾。

三、防止废气、噪声及工业污水危害的措施

在交通运输企业生产厂（场）内，还有生产过程和发动机工作过程中所产生的废气、噪声及工业污水等也会对人身造成危害。所以，应对其有相应的预防措施。

1. 废气治理措施

废气源主要有汽车发动机热试磨合、竣工试车时发动机产生的废气，焊接时焊药燃烧产生的废气等。有害废气通过呼吸系统进入人体，使人的消化、神经、呼吸系统受到损害。

在汽车发动机热试磨合间、竣工试车间、焊接间或镀金焊接间，应采用相应的措施，防止废气对人体的危害。发动机台架试验的台架应设有地下排气通道，并在通道安装抽风机，将废气抽出通道送入垂直烟道，垂直烟道应高出屋顶 3m。竣工试车间也应具有与发动机台架试验间相同的防止废气污染的措施。焊接间除要考虑总体通风外，每个焊接工作台必须有局部通风设施。

当然，在交通运输企业生产厂（场）内，凡产生废气的工作台，都应考虑强制（或自然）通风，工作人员应有适当的劳保措施，如戴口罩等，以确保职工人身安全及满足环保要求。

2. 噪声治理措施

噪声源主要来自汽车发动机热试磨合、传动系总成试验、竣工试车、机械加工、镀金加工、空气压缩机和气动工具（如风铲、风动扳手及空气锤等）等工作间或工作过程。噪声超过一定的限度，会使人心情不安、烦躁、疲倦、听力下降等。

发动机热试磨合间除采用地下排气通道外，还应采用房间墙壁隔音措施。当然，

其他产生噪声的工作间，也应考虑隔音措施，使噪声控制在国家有关标准允许的范围内，以免噪声污染环境。操作人员也应有适当的劳保措施，如戴耳塞或耳罩，以防噪声伤害或污染环境。

3. 工业污水处理措施

交通运输企业生产厂（场）内的工业污水主要源于汽车外部清洗、零部件清洗、废电解液排放、涂装工艺中的污水排放等。

对于工业污水的治理，要按照污水源的性质、污水中有害物的种类、污水量的大小等因素来选用不同的处理方法。但是，不管采用什么方法，都要使废水经处理后，达到国家规定的排放标准或二次使用标准。

四、车辆停放和移动的安全管理

在交通运输企业生产厂（场）内，车辆的停放和移动，应严格遵守厂（场）内的管理规程，不得随意停放和移动，只有这样才能避免事故的发生。

1. 车辆停放

在交通运输企业生产厂（场）内停放车辆，应按一定的要求操作。否则，因停车方法不当或停放位置不合理，不仅妨碍交通，还会因此导致人身事故的发生。

（1）交通运输企业生产厂（场）内，严禁任意停放车辆，临时停车或长时间停车，均应将车辆停放在停车场内的固定停车位上或车库内。

（2）车辆停放位置，应距人行道30cm左右，与其他车辆应保持2m以上纵向距离。

（3）车辆停放在地沟上时，最好应有人指挥，使车辆停在合适的位置，并施加驻车制动及支垫三角木。

（4）车辆停放在举升器上检修时，应使举升器支脚准确地支在汽车底盘合适的位置，并注意车门开启时，不能碰举升器立柱。举起后，人员在车下工作，应在底盘下合适部位支撑铁制保险凳。车辆驶上或驶下举升器应有专人指挥，谨慎驾驶。

（5）车辆未停稳前，不准开门和上下人，开门时，不许妨碍他人行车或通行。

2. 车辆移动

在交通运输企业生产厂（场）内，汽车移动必须谨慎小心。否则，易产生人身事故。

（1）车辆移动时，应选择好场地，并查明周围情况，选定进、退路线和移动目标。

（2）车辆移动时，如车辆电气设备正常，应有信号显示，并密切注意周围其他来往车辆及行人。

（3）车辆在车间移动时，最好有人指挥，以免一侧车轮掉入地沟或撞及它物。

（4）倒车时，应保持车速缓慢，以便对准倒车目标，并顾及前轮位置，防止车辆前部碰挂障碍物。

第二节　电气设备的安全管理与使用

交通运输企业生产厂（场）内的电气设备包括变电、配电及供电设备、厂（场）区动力、照明线路、通用设备及专用设备的用电系统等。

一、电气作业的安全管理

为了保证电气作业安全，除首先保证电气装置的设计、制造和安装必须符合有关技术规程的要求外，其次还必须加强对电气作业的安全管理工作，坚持经常性的安全教育，制定并实施保证安全的相应措施。

1. 保证安全的组织措施

（1）认真执行《电业安全工作规程》规定的工作票制度、工作许可制度、工作监护制度以及工作间断、转移和终结制度。

（2）电气工作人员必须具备以下条件：具有无妨碍工作的病症；具有必要的电气知识，熟悉有关电业安全工作规程的内容，并具有上岗资格；具有必要的急救知识。

2. 保证安全的技术措施

（1）在完全停电或部分停电的电气设备上工作时，必须按《电业安全工作规程》的规定操作。

（2）操作人员要有安全保护措施，直接与供电系统接触的工作，应有绝缘工具及设备；操作用电设备，应检查其接地装置是否完好。

（3）变电配电室及厂（场）区供电系统应严格按照有关规程设计、施工。如供电系统的电容量、变电、配电装置及电气线路应满足安全要求等。

（4）通用、专用设备的供电及用电系统要严格按照设备的使用要求安装，确保设备用电的安全保障系统正常工作，如起重设备的过电流保护、短路保护、过热保护、紧急开关、失磁保护等装置都应处于正常工作状态。

二、变电、配电、供电系统检修的安全管理

变电、配电、供电系统检修的安全管理是一项十分重要的工作，为了保证检修工作的安全进行，应建立必要的检修制度。

1. 工作票制度

工作票制度有两种，即第一种工作票和第二种工作票。

在高压设备上工作，需要全部停电或部分停电，以及在高压室内的二次回路和照明等回路上工作，需将高压设备停电或采取安全措施时，应填写第一种工作票。第一种工作票填写的主要内容有工作负责人、工作班人员、工作内容、工作地点和安全措施等。

在带电设备外壳上工作或带电作业；在控制盘和低压配电盘、配电箱、电源干线上工作以及在无需高压设备停电的二次接线回路上工作等情况下，应填写第二种工作票。第二种工作票填写的主要内容有工作负责人、工作任务、计划工作时间、工作条件、注意事项、计划工作时间等。

还可根据不同的任务、不同的设备条件以及不同的管理机构，选用或制定适当格式的工作票。不论哪种工作票，都必须以保证检修工作的安全为前提。

2. 工作监护制度

在检修工作中，工作人员应明确工作任务、工作范围、安全措施及带电部位等安全注意事项，工作负责人必须始终在现场，对工作人员的安全全面负责，随时检查各项安全措施并提醒工作人员注意安全；监护人员应认真负起专职监护操作安全的责任，集中精力，密切注视每一个操作步骤，随时提醒工作人员应注意的安全事项，以防止可能发生的意外事故。

3. 停电检修制度

（1）停电。在检修工作中，如人体与10kV以下带电设备的距离小于0.35m、20~35kV带电设备的距离小于0.6m时该设备应停电；如距离大于上列数值，但分别小于0.7m和1.0m时，应设遮栏，否则应停电。

（2）验电。对已停电的线路和设备，不论其经常接入的电压表或其他信号是否指示无电，均应验电。

（3）放电。放电是为了消除被检设备上残存的静电。

（4）装设。临时接地线为了防止意外送电和反送电，以及清除感应电，应在被

检设备外端装设必要的临时接地线。临时接地线的装拆顺序是装时先接接地线，拆时后拆接地端。

（5）装设遮栏。在部分停电检修时，应将带电部分遮拦起来，使工作人员与带电导体之间有一定的距离。

（6）悬挂标志牌。提醒人们注意，以防触电。

4. 不停电检修制度

不停电检修工作是在带电设备附近或外壳上进行的工作。不停电检修必须在严格执行监护制度、保证足够的安全距离、工作时间不宜过长、检修人员技术熟练的条件下进行。

三、用电设备的安全使用

用电设备主要有三相电动机、单相电器设备、起重电器设备以及控制、保护电器等。

1. 用电设备的环境

用电设备周围的空气介质状态影响用电的安全性。如潮湿、导电性粉尘、腐蚀性气体等对用电设备的绝缘起破坏作用，因而大大降低其绝缘电阻，也可能造成用电设备的外壳、机座、机罩等金属部件带电，并因此引起触电事故。所以，必须十分重视这些不安全因素，并根据实际工作情况，选用适当形式的安全用电设备，以防发生意外。

2. 三相电动机的使用

三相电动机是交通运输企业生产厂（场）内最常见的用电设备。在使用时应注意以下问题。

（1）电动机的电压、电流、频率、温升等运行参数应符合要求。

（2）电动机的保护装置应齐全可靠。如熔断器、热继电器、失压保护、缺相保护、接地或接零等。

（3）电动机应保持主体完整、零附件齐全、无损坏，并保持清洁。

（4）电动机应定期进行维护。

3. 单相电气设备的使用

单相电气设备是指照明设备、日用电器、小型电动工具及小电炉等。统计资料表明，单相电气设备上的触电事故还是比较多的。所以，要特别重视单相电气设备的安全使用措施。

（1）电器照明应当根据周围环境选用适当形式的灯具及其他设备；灯具安装要

牢固可靠，便于操作；定期对电气照明装置和配电线路进行检查和维修，及时消除事故隐患，保证电气照明装置安全运行。

（2）携带式电气设备该类设备要采取接地或接零保护；要有专用插头和插孔；操作时利用绝缘手套、绝缘鞋、橡胶垫等防止触电；电源线及设备都应保持完好状态。

（3）电热器具电热器具要采用接地或接零保护；采用绝缘措施防止直接接触触电；电热器具使用时，还要注意防火。

4.起重电气设备的使用

起重电气设备的工作特点是：工作繁重、控制要求多、在移动过程中工作等。

（1）电气线路的安全要求该设备的滑触线要平直、光滑、导电性好；滑触线的布设要符合一定的规范要求；照明线路布线要符合安全规范；起重机轨道应接地或接零。

（2）安全装置的检查是要经常检查起重机的电气安全装置，对于保证起重机的正常运行是十分必要的。

5.低压开关等电器的使用

开关电器主要用来接通和断开线路。如刀开关、自动空气开关、减压起动器、磁力起动器等。其一般安全使用要求如下。

（1）电压、电流、断流容量、操作频率、温升等运行参数应符合要求。用刀开关操作异步电动机时，开关额定电流应大于电动机额定电流的3倍。

（2）灭弧装置完好。

（3）触头接触好，具有一定的接触压力，各级触头能同时动作。

（4）防护完善、外观无损。

（5）安装正确、操作方便。

（6）正常时，不带电的金属部分接地良好。

（7）绝缘电阻符合要求。

四、触电的急救方法

触电急救的基本原则是动作迅速、方法正确。

1.迅速脱离电源

人触电以后，可能由于痉挛或失去知觉等原因而抓紧带电体,不能摆脱电源。这时，尽快使触电者脱离电源是急救的首要工作。

1）低压触电

（1）如触电者附近有电源开关或电源插销，应立即断开电源。

（2）如触电者附近没有电源开关或电源插销，应立即用绝缘的电工钳或有干燥木柄的工具切断电源。

（3）当电线搭落在触电者身上或被压在触电者身下时，可用干燥的衣服、木板、木棒等绝缘物为工具，拉开触电者或拉开电线，使触电者脱离电源。

（4）如触电者的衣服是干燥的，可以用一只手抓住他的衣服，拉离电源。救护人员不得接触触电者的皮肤或抓他的鞋来使触电者脱离电源。

2）高压触电

（1）立即通知有关部门停电。

（2）带上绝缘手套、穿上绝缘鞋、用相应电压等级的绝缘工具按顺序拉开开关。

（3）抛掷裸金属线使线路短路接地，迫使保护装置动作，断开电源。注意抛掷金属线前，先将金属线的一端可靠接地，然后抛掷另一端，抛掷的一端不可接触触电者或其他人。

3）注意事项

（1）救护人员不可直接用手或其他金属或潮湿的物体作为救护工具。救护时最好用一只手操作，以防救护者自己触电。

（2）防止触电者脱离电源后可能造成的摔伤。

（3）如果触电发生在夜间，应迅速解决照明，以利抢救。

2. 急救方法

1）对症救护

（1）如果触电者伤势不重、神志清楚，但心慌、四肢发麻、全身无力；或曾昏迷，但已清醒，应使触电者安静休息，不要走动，观察变化，速请医生或送往医院。

（2）如果触电者伤势较重、失去知觉，但心脏跳动、呼吸存在，应使触电者舒适、安静平卧；保持环境安静和空气流通；解开衣服，以于利呼吸，如遇天冷，注意保暖；并速请医生或送往医院。如发现触电者呼吸困难，发生痉挛，应准备做进一步的抢救。

（3）如果触电者伤势严重、呼吸停止或心脏跳动停止，应立即施行人工呼吸或胸外挤压，并速请医生或送往医院，在送往医院途中，急救不能中止。

2）人工呼吸法

人工呼吸法是在触电者呼吸停止后的急救方法。

施行人工呼吸前，应迅速解开触电者的衣领、上衣和裤带等，迅速取出口中妨碍呼吸的食物、脱落的假牙、血块等。然后进行口对口人工呼吸，主要方法如下。

（1）使触电者仰卧，头部充分后仰，鼻孔朝上，以利于呼吸。

（2）使触电者口紧闭，救护人员深吸一口气后，紧贴触电者的口，向口吹气，为时约 2s。

（3）吹气完毕，立即离开触电者，并松开触电者口唇，让他自行呼气，为时约 3s。

触电者为儿童时，只可小口吹气，以免肺泡破裂，如发现触电者胃部充气鼓胀，可一面轻压上腹部，一面继续人工呼吸。

口对口人工呼吸每次换气量 1000~1500ml。

3）胸外心脏挤压法

胸外心脏挤压法是触电者心脏跳动停止后的急救方法。胸外心脏挤压时，应使触电者仰卧在比较坚实的地方，姿势与口对口人工呼吸法相同。

（1）救护者跪在触电者一侧或骑跪在其腰部两侧，两手迭，手掌根部放在触电者心窝上方，胸骨下 1/3~1/2 处。

（2）掌根用力向下挤压，压出心脏里面的血液，对成人应压陷 3~4cm，以每秒挤压一次为宜。

（3）挤压后掌根迅速全部放松，让触电者胸部自动复原，血液充满心脏，放松时掌根不必完全离开胸部。

触电者为儿童时，可以用一只手挤压，用力要轻，以免损伤胸骨，且宜每分钟 100 次左右。

应当指出，心脏跳动与呼吸是相互联系的。心脏停止跳动，呼吸很快就会停止；呼吸停止了，心脏跳动也就不能维持多久。一旦呼吸和心脏都停止了，应同时进行口对口人工呼吸和胸外挤压。如果现场只有一人抢救，两种方法应交替进行。

施行人工呼吸和胸外心脏挤压抢救要持续不断，不可中止，直到抢救终了。

第三节　火灾的预防与扑救

在交通运输企业生产厂（场）内，火灾的预防与扑救主要是从火源控制、灭火的技术措施及易燃、易爆物品的管理等方面来着手的。

一、火源控制措施

在交通运输企业生产厂（场）内，火灾危险较大的工作有零件清洗、焊接切割、喷漆涂装、蓄电池充电以及其他有关工作环节。

1. 零件清洗

零件清洗间（点）在工作时，会聚积一些清洗剂、汽油等蒸气，这些都是易燃物质，所以，要做好防火工作。

（1）零件清洗间（点）严禁吸烟，不得进行明火作业。

（2）如果清洗间（点）的用电设备不符合防火要求，在零件清洗时，不得启闭电气开关。

（3）零件清洗间（点）的采暖用水、热风或汽暖、热水等不得超过110℃，蒸气不得超过130℃。

（4）零件清洗间（点）的通风必须良好。

（5）清洗机件应采用有色金属工具，并有防撞击起火的措施。

（6）零件清洗间（点）所用的设备及工具必须有防静电措施。设备要可靠接地，人员不得穿化纤服装等。

（7）应配备足够的灭火器材。

2. 焊接切割

焊接与切割属明火操作作业，此作业使用高压可燃气或助燃气，工作中还伴随产生高温。所以，必须严格遵守安全操作规程，并采取相应的安全措施。

（1）能移动的焊割件，最好在焊接间进行。

（2）不能拆卸、移动的焊接件，应做好工作点的隔离工作。

（3）作业现场严禁有易燃、易爆物品的存在。

（4）在有易燃、易爆、有毒气体的室内作业时，应先进行通风，待危险气体排出室外后，再进行焊割作业。

（5）焊、割炬点火前，必须先对其进行检查；根据焊割件的材质、形状来确定焊、割炬的喷嘴与焊割件的距离。

（6）针对不同的作业现场及焊割对象，须配备一定数量的灭火器材。

3. 喷漆涂装

喷漆涂装过程中所使用的溶剂，如甲苯、二甲苯、硝基漆等，都属易燃危险品。所以，进行汽车喷漆涂装时要做好防火工作。

（1）喷漆涂装工人必须经过防火安全知识的培训，并取得上岗资格后，才能从事该项作业生产，否则不允许进行操作。

（2）必须建立严格的安全操作规程和防火安全制度，及时消除火源、火险。

（3）喷漆涂装作业场所，严禁身带火柴、打火机等入内，并禁止吸烟。

（4）喷漆涂装工作必须与焊割工作隔离。

（5）喷漆涂装间应强制通风，且自然通风条件也要良好，以防止工作区可燃混合气达到爆炸浓度极限。

（6）喷漆涂装间禁止火炉取暖，宜采用蒸气、热水等集中采暖。暖气管上不准烘烤棉织品，特别是沾漆的抹布、手套等物。

（7）喷漆涂装间内应经常打扫，随时清除漆垢等。沾有油漆的棉纱、抹布等不得长期堆放，防止自燃现象发生。

（8）喷漆涂装间的所有电气设备、照明装置必须符合防爆要求。抽风机叶片也应选用有色金属制作，防止撞击起火。所有设备应安装防静电接地装置。

（9）喷漆涂装间应安装自动灭火装置，配有足够的灭火器材，并经常保持其工作性能完好。

4. 蓄电池充电间

蓄电池充电的火灾危险性，主要是它在充电过程中会放出相当数量的氢气，还要产生热量。如果电极上的充电夹头松动，就极易产生电弧火花。在充电时，随蓄电池电压的升高，放出的氢气也逐渐增加，在充电临近结束时，尤为剧烈。因氢气比空气轻，往往聚积在建筑物的顶部，这样极易与空气形成爆炸性混合物。所以，蓄电池充电间属于具有火灾危险的场所，这里一定要有可靠的防火设施。

（1）蓄电池充电间应设在一、二级耐火等级的建筑物内。

（2）蓄电池充电间的屋顶必须设有敞开的气孔，窗口上部应与室内上顶平齐，以免氢气在室内顶部积聚。

（3）充电间须强制通风，门、窗应向外开。

（4）蓄电池充电间的电气设备除应符合防爆要求外，还应耐腐蚀。不允许使用普通开关、熔断器、电插座等可能产生火花的电器。母线与电池接线处必须镀锡保护，以免被溅出的硫酸腐蚀后，造成接触电阻过大而产生火花。其他布线也应符合防火要求。

（5）蓄电池充电间严禁使用电炉或火炉取暖。

（6）储存硫酸和配制电解液应在专用房间进行，防止硫酸与木材、布料等有机物接触，因为硫酸能使有机物钝化而放热。

（7）蓄电池充电间使用的工具，其手柄应包上绝缘层，以免不慎碰到蓄电池的电极桩头时，产生电弧火花。

（8）蓄电池充电间应配备足够的灭火器材。

5. 其他工作间

交通运输企业生产厂（场）内的其他工作间，如汽车维修车间中的发动机间、底盘间、电气设备间、机加工间及镀金间等，在生产过程中都应有相应的防火措施，并严格按照有关防火条例、制度管理。对生产操作者，应进行防火教育。不许在车间吸烟，不许在地面泼洒易挥发的有机溶剂及汽油，不许穿带铁钉的皮鞋等。

二、扑灭火灾的技术措施

在交通运输企业生产厂（场）内，为了使火灾的损失减少到最低程度，就应根据其特点，掌握灭火的基本方法及消防器材的正确使用。

1. 灭火的基本方法

灭火的基本方法有冷却、窒息、隔离和抑制。

（1）冷却法。用水或其他灭火材料喷洒到燃烧物的表面，使温度降低到燃烧物自燃点以下，燃烧则自然停止。

（2）窒息法。用灭火剂、砂子、湿棉被、石棉布等覆盖燃烧物表面，使其与空气（氧气）隔绝，达到灭火目的。

（3）隔离法。迅速撤除失火现场的燃烧物质，拆除火灾现场周围可燃的建筑物等，建立无可燃物质的隔离地带。

（4）抑制法。使用灭火剂，使燃烧过程中产生的游离基消失，从而形成稳定分子或低活性的游离基，使燃烧终止。

2. 水的灭火性能

1）水的灭火形态

水能使可燃物质冷却并隔绝空气，从而达到灭火的目的。另外，水压还具有一定的机械灭火作用。水的灭火形态主要有密集水流和雾状水。

（1）密集水流能冲到燃烧物上，摧毁正在燃烧着的物质，从而阻止物质燃烧并隔离燃烧区，使燃烧迅速停止，它适合扑救普通火灾。

（2）雾状水喷射面广，吸收热最大，在扑救火灾方面有比密集水流更多的优越性。它适合扑救散在地面、面积不大、厚度不超过 3~5cm 的任何易燃液体火灾，可燃气体、粉状易燃物质和氧化剂的火灾（忌水物质除外）。

2）不能用水扑救的火灾

（1）三酸（硫酸、硝酸和盐酸）不宜用密集水流扑救，因为这样易使酸溅伤人，必要时，可用雾状水扑救。

（2）碳化钙（电石）不宜用水扑救。

（3）轻于水的易燃液体从原则上讲不可以用水来扑救。

（4）因电引起的火灾不宜用水扑救，因为水是电的良导体。但带防护装置的电气设备火灾，可用水扑救。

3. 消防器材及使用方法

经常使用的消防器材有石棉被、浸水棉被、砂子、铁锹、防火钩及灭火器具。在生产厂（场）内应配备一定数量的高效能灭火器具。

4. 交通运输企业生产厂（场）内，车辆火灾的扑救

在交通运输企业生产厂（场）内，车辆发生火灾后，驾驶人员要沉着、勇敢、及时、科学地去扑灭火灾。

（1）在交通运输企业生产厂（场）内，车辆失火后，应立即切断汽车发动机油源，重点保护车上的油箱和装有易燃物质的容器，并采用干粉灭火器灭火。

（2）在交通运输企业生产厂（场）内，车辆在移动中失火，应立即停车熄火，关闭百叶窗。并迅速查明火源，及时扑救。

（3）停车场（库）内的汽车失火，驾驶员应根据现场火情，尽快把着火的汽车推出车场（库）外，或使其离开相临车辆，同时积极扑救火灾并通知消防部门。

三、易燃、易爆物品的安全管理

加强油料、易燃、易爆物品、其他可燃液体及危险气体的管理，是防止交通运输企业生产厂（场）内失火的重要环节。

1. 油料及其他可燃液体的管理

油料及其他可燃液体是指交通运输企业生产厂（场）内的汽油、柴油、润滑油、润滑脂、防冻液、制动液、橡胶水和苯等，加强对它们的安全管理是防火的源头管理。

（1）建立严格的防火制度，并有可操作的技术组织措施，

（2）在交通运输企业生产厂（场）内的工作区及油库、化学品库等危险区内，严禁烟火；在放存易燃、易爆物品的场所内，应使用防爆灯照明。

（3）在放存易燃、易爆物品的场所内，严禁存放炸药、棉花和木材等物。并随时清除其附近的油污、杂草等杂物。

（4）在油库存放几种油品时，不能将闪点低的油品堆放在过道。

（5）不准用明火加温各种油料、其他可燃液体及盛装该液体的容器。

（6）桶装油料及可燃液体应尽量避免放在阳光直射的地方。有条件时，最好放在地下或半地下，以确保安全。

（7）储存易燃、易爆品的仓库，应具备足够的消防器材。

2. 危险气体的管理

危险气体的管理是指氧气、乙炔气体等的管理。

在交通运输企业生产厂（场）内的工作区，氧气、乙炔气体等高压比气瓶要与工作点隔离或相隔一定的安全距离，并妥善保管，严禁贮气瓶在太阳下曝晒。

参考文献

[1] 王世伟, 周志鸿, 刘文斌. 公路隧道交通事故特征分析及运营安全提升建议 [J]. 公路, 2024,69(3):300-306.

[2] 王冬梅, 路玉麟, 温颖. "道路交通运输安全学"课程思政元素挖掘与实践 [J]. 辽宁工业大学学报 (社会科学版),2024,26(1):102-104+130.

[3] 李小鹏在海南开展交通运输安全生产检查暨 2024 年综合运输春运安全检查 [J]. 中国海事 ,2024,(2):2.

[4] 周维, 曾祥凯, 王艺帆. 危险货物运输企业交通安全评估模型对比分析 [J]. 道路交通管理 ,2024,(2):36-39.

[5] 栾鑫, 宁翊森, 程琳. 城市石化区交通安全评估与应急管理路径研究 [J]. 交通与运输 ,2024,40(1):71-75.

[6] 高东运. 流程管理视角下的船舶安全优化管理研究 [J]. 船舶物资与市场 ,2023,31(12):106-108.

[7] 毕辉, 高辉, 甘婧. 智能信息化背景下基于道路交通运输主动安全管理的《交通安全》课程改革探索 [J]. 物流工程与管理 ,2023,45(12):163-166.

[8] 贾铮, 杨凯, 赵泽民, 等. 城市区域综合交通安全管理评估方法研究 [J]. 交通工程 ,2023,23(6):1-7+14.

[9] 陈峥. 道路货运交通安全管理初探 [J]. 中国航务周刊 ,2023,(35):64-66.

[10] 谢国泉. 浅谈交通建设工程智慧工地的管理 [J]. 物流工程与管理 ,2023,45(8):165-167.

[11] 史国剑. 物流快递运输车辆安全管理措施 [J]. 中国航务周刊 ,2023,(30):75-77.

[12] 刘夏萍. 强化铁路运输安全管理的基本要素和主要对策 [J]. 中国航务周刊 ,2023,(29):67-69.

[13] 张祎龙. 新时期公共交通运输企业安全管理的思考 [J]. 城市公共交通 ,2023,(6):37-39+44.

[14] 何龙泉.基于 N-K 模型的铁路运输安全风险耦合分析 [J].工业控制计算机,2023,36(5):97-98+100.

[15] 鲁军.公路交通运输在社会经济发展中的作用 [J].运输经理世界,2023,(15):45-47.

[16] 李科.城市轨道交通运输安全管理研究 [J].运输经理世界,2023,(8):141-143.

[17] 李畅.安全风险管理在铁路车务行车工作中的应用研究 [D].北京：中国铁道科学研究院,2022.

[18] 汤化剑.广东省道路运输安全生产监管研究 [D].兰州：兰州大学,2022.

[19] 刘小龙.危化品道路运输安全的演化博弈分析研究 [D].西安西安建筑科技大学,2020.

[20] 郭海峰.我国水上交通运输安全事故舆情管理研究 [D].大连：大连海事大学,2020.

[21] 鲍宇.哈尔滨东站运输安全管理研究 [D].南昌：华东交通大学,2019.

[22] 张鑫义.安全风险管理在铁路机务运用行车工作中的应用研究 [D].中国铁道科学研究院,2018.

[23] 杨雪艳.基于德尔菲法交通运输行业安全监管绩效评估体系的研究 [D].广州：华南理工大学,2016.

[24] 陶靖.甘肃省道路交通运输安全保障体系研究 [D].北京工业大学,2016.

[25] 杨洋.日本铁路运输安全立法研究 [D].北京：北京交通大学,2016.

[26] 洪钢.危险化学品道路交通运输安全管理研究 [D].昆明：云南财经大学,2015.

[27] 李文权,陈茜.李文权；陈茜.道路交通安全管理规划方法及应用 [M].南京：东南大学出版社:2013.

[28] 柯向喜.铁路车务段运输安全系统分析方法与应用 [D].长沙：中南大学,2013.

[29] 马欣.水路运输安全管理评价标准研究 [D].大连：大连海事大学,2004.